인류세: 인간의 시대

EBS 다큐프라임

인류세: 인간의 시대

최평순, 다큐프라임 〈인류세〉 제작팀 지음

해나무

차례

3장 플라스틱스피어

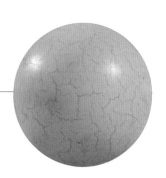

4장 도시

5장 인류세의 미래

새로운 시대

우리가 사는 세상을 딱 한 단어로 표현한다고 해보자. 당신에게는 어떤 어휘가 가장 먼저 떠오르는가? 무엇이 됐든 그 마법의 단어는 눈앞에 보이는 것들을 즉각적으로 설명할 수 있어야한다. 예를 들어보자.

당신은 지금 서점에서 이 책을 살지 말지 고민하며 첫 장을 넘긴 상태다. 대형 서점은 책을 보기 좋도록 밝은 조명으로 실내를 채웠다. 진열대와 책장에는 수십만 권의 책이 빼곡하다. 정작 사람들은 덴탈마스크를 쓴 채 띄엄띄엄 떨어져 책을 살핀다. 약속 장소에 가기 위해 비치된 세정제를 눌러 손을 닦고 서점을 나서니 미세먼지로 시야가 탁하다. 주머니에서 KF94 마스크를 꺼내 쓰고, 희뿌연 공기를 걸러 마시며 걷기 시작한다. 거리 곳곳에 사회적 거리두기를 강조한 현수막이 걸려 있는 게 무색할 만큼 행인이 많다. 예년보다 이상하리만치 날씨가 오락가락하는 탓인지 사람들의 패션도 제각각이다. 맛있는 냄새가 난다. 길가의 프랜차이즈 패스트푸드점 창문 너머 한 남자가 치킨 세트를 열심히 먹고 있다. 어디선가 경적이 울린다. 도심답게 자동차와 버스 행렬이 길게 늘어서 있다. 바람이 분다. 검은 비닐봉지 하나가 솟구쳐 오르더니 8차선 대로 건너편에 유유히 내려앉는다.

21세기 현대 도시의 풍경은 서울, 부산, 도쿄, 런던, 뉴욕, 어디든 비슷비슷하다. 콘크리트로 지어진 건물 안에서 우리는 대량 생산된 것을 먹고 입고 쓰며 생활한다. 건물 사이사이는 도로가 채우고, 건물 위로는 헬기나 비행기가, 아래로는 지하철이 지나간다. 땅 위에서 움직이는 건 차, 사람, 반려견, 길고양이 정도. 도시는 대개 시끄러운 데다가 공기도 안 좋다. 도시와 도시, 대륙과 대륙을 연결하는 교통망과 유통 시스템이 갖춰진 탓에 신종 전염병이 쉽게 대유행하고 팬데믹이 선언된다.

이 광경을 뭐라고 불러야 많은 이가 고개를 끄덕일까?

여기서 힌트. 100년 전 서울은 문명사적으로 보면 개화기, 통치세력으로 분류하면 일제강점기, 지질시대로 보면 홀로세다. 개화기, 일제강점기, 홀로세. 이 세 단어 중 그 시대를 표현하기에 적합한 단어는 무엇인가? 많은 사람들이 친숙한 용어인 개화기나 일제강점기를 꼽을 것이다. 과학 용어인 홀로세는 인기가 없을 게 분명하다. 홀로세? 무슨 뜻인지 짐작도 하지 못하는 사람이 부지기수다. 워낙 낯선 탓에 세금 명칭으로 치부되기도 한다. 사실, 지질시대 이름이 대중의 입에서 오르내리기는 쉽지 않다. 할리우드 영화의 힘을 빌린 '쥐라기' 정도가 약간의 대중적 인지도를 확보했을 뿐이다.

그런데 어느 날 한 과학자가 우연히 제안한 새로운 지질시대가 전 세계적으로 뜨거운 관심을 받고 있다. 우리가 2002년 한일 월드컵 4강 신화에 심취해 있을 때부터 꿈틀거리던 이 단어는 이세돌 9단이 인공지능 알파고와 바둑을 두던 2016년경에는 이미 '4차 산업혁명'보다 유명해졌다. 스웨덴의 청소년 환경운동가 그레타 툰베리가 『타임』이 선정하는 '올해의 인물'에 오른 2019년에는 대한민국에서도 이 단어가 회자되기 시작했다.

인류세

人類世

Anthropocene

이 용어에 마법이라도 걸린 건지 과학계를 넘어 시민사회, 예술계 등 사회 전반에서 쓰이고 있다. 카이스트 인류세연구센터가 설립돼 국제 심포지엄을 여는 등 본격적인 연구 활동이 시작됐고, 일민미술관을 비롯해 곳곳에서 인류세 관련 전시가 계속 이어지고 있다. 언론 보도에도 인류세가 많이 사용되고 포털사이트 검색어 순위에 오르기도 한다.

가장 인상적인 것은 이 한 단어로 모든 것이 설명된다는 것이다. 콘크리트, 플라스틱, 치킨, 미세먼지, 신종 전염병으로 가득 찬 이 세상이 단 석 자로 압축된다.

인류세, 이제 그 마법의 비밀을 파헤칠 시간이다.

1장

인류세란
무엇인가

달걀 껍데기

평소에는 잘 느껴지지 않지만 사실 우리는 21퍼센트의 산소와 78퍼센트의 질소로 구성된 대기 안에서 살아간다. 산소 호흡 생명체인 인간은 그 사실을 너무 당연히 여기는 나머지 대부분의 시간 동안 잊고 살지만, 익숙한 대기 환경에서 벗어나면 그 영향을 느낄 수 있다. 새벽 여섯 시, 호주 캔버라 시내 한 호텔 야외 주차장은 여름임에도 제법 쌀쌀하다. 한 남자가 입김을 내쉬며 다가온다.

"차를 타고 올 줄 알았는데 걸어왔네요?"

"고작 한 시간 거리인걸요."

제작진을 만나기 위해 새벽 다섯 시에 집에서 출발해 여기까지 온 이는 윌 스테픈Will Steffen 호주 국립대학교 명예교수다. 인류세 개념이 창안된 2000년부터 지금까지 20여 년간 인류세 논의에 빠지지 않고 담론을 확장해온 주역이다.

기장이 바람을 불어넣자 쉭 소리와 함께 하늘로 솟구치는 열기구. 함께 동승한 탑승객들은 신이 나서 소리를 지른다. 2분도 채 지나기 전에 250미터쯤 오른 열기구는 상승을 멈췄다. 거짓말처럼 해가 나타난다.

캔버라의 일출은 아름답다. 전날 내린 비로 구름이 자욱하고 구름 위에는 열기구와 해, 그리고 하나의 탑이 보인다. 캔버라의 상징 중 하나인 블랙마운틴의 송출탑이 우뚝 솟아 있다.

"정말 인류세적인 풍경이에요. 이 높이에 화석연료를 사용해 올라온 인간과 인간이 지은 구조물만 보이잖아요."

붉게 물든 하늘은 낭만적이고, 공기는 청량하다. 이 공기가 지구에서 차지하는 비중은 어느 정도일까? 지구가 달걀이라면, 대기는 달걀 껍데기 수준이다. 티스푼으로 툭 하고 건드리면 깨지는 달걀 껍데기처럼 얇다.

"인류세가 되고 대기의 이산화탄소 농도는 엄청난 양으로 증가했어요. 산업혁명 이전에는 280ppm●이었는데 지금은 400ppm이죠."

인류세는 한 번쯤 들어봤을지도 모르는 '고생대', '백악기',

● ppm은 농도를 나타내는 단위로 100만분의 1을 뜻한다.

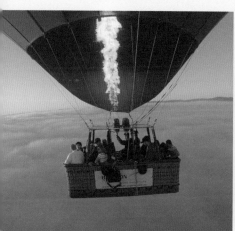

캔버라의 일출과 윌 스테픈 교수

'쥐라기', '플라이스토세'와 같은 지질시대 명칭이다. 인류세는 누대累代, Eon-대代, Era-기紀, Period-세世, Epoch-절節, Age로 분류되는 지질시대 중 세에 해당한다. 그리스어로 인류를 뜻하는 'anthropos'와 세를 나타내는 접미사 'cene'을 결합했다.

지질학은 시간을 다루는 학문이다. 46억 년 지구 역사를 다루다 보니 일상의 익숙한 시간 개념을 벗어난다. 한 세에서 다음 세로 이동하는 데 수백에서 수천만 년이 걸리는데, 기나 대에 비해서는 짧은 편이다. 공식적으로 현재의 지질시대는 '신생대 제4기 홀로세'다. 홀로세는 약 1만 1700년 전에 시작되었다. 그런데 인류에 의해 지구가 짧은 시간 동안 급격하게 변했기 때문에 홀로세와 구별되는 새로운 지질시대를 인류세로 명명하자는 것이 인류세 담론의 핵심이다. 지질학자, 생물학자, 대기과학자, 철학자 등 각 계의 학자들이 인류세를 주장하고 있는데, 재미있는 점은 윌 스테픈처럼 지구시스템을 연구하는 과학자가 이 말을 만들었다는 것이다. 바로 네덜란드의 대기과학자 파울 크뤼천Paul Jozef Crutzen이다.

공대를 나와 다리를 건설하는 공사판에서 일하던 크뤼천은 어릴 때부터 눈 쌓인 산을 좋아했다. 기회가 되면 눈을 연구하고 싶었던 그는 마침 스톡홀름 대학교 기상학과에서 컴퓨터 전문가를 찾는다는 말에 대학원으로 진학했다. 크뤼천은 영국 옥스퍼드 대학교에서 박사후과정을 밟던 중 제트기가 내뿜는 배기가스가 오존층을 파괴한다는 사실을 발견하며 인간의 활동을 눈여겨보기 시작했다. 그는 주로 냉매와 스프레이로 쓰이는 프레온 가스가 오존층 파괴의 주범임을 알게 된 후 이를 과학적으로 증명할 모델을 고안했으며, 연소과정에서 생성되는 질소산화물이 성층권의 오존 고갈 속도에 영향을 준다는 것을 밝혀 1995년에 노벨 화학상을 받았다. 그와 동료들의 연구가 영향을 끼친 덕분에 1987년 프레온 가스의 생산을 금지하는 몬트리올 의정서가 체결됐지만, 이미 대기에 떠돌고 있는 프레온 가스를 없앨 수는 없었다.

그는 2000년 멕시코에서 열린 '국제 지권–생물권 프로그램IGBP' 회의에서 처음 인류세 개념을 제안했다. 당시 회의에서 자꾸 홀로세가 언급되는 것에 굉장히 언짢아하던 파울 크뤼천이 말했다. "우리는 더 이상 홀로세를 살고 있지 않아요." 놀란 동료들이 그럼 무슨 시대냐고 물어보자 크뤼천은 알맞은 단어를 찾으려 했다. 그리고 잠시 뒤 그의 입에서 'Anthropocene', 즉 '인류세'가 튀어나왔다. 인류세가 공식 석상에서 처음 쓰이는 순간이었다. 그날 윌 스테픈도 회의장에 있었다.

"뇌에서 번쩍하는 느낌을 받았어요. '맞아, 바로 이 단어야! 우리가 계속 이야기해온 문제인데 파울이 말하기 전까지 우리가 분명하게 표현하지 못했던 그 단어!'"

대기과학자들은 당시 지구 상황에 대한 문제의식이 컸고, 현재의 지질시대 용어인 홀로세가 그것을 충분히 표현하지 못하고 있다고 느꼈는데 그 순간 크뤼천이 그 말을 꺼냈던 것이다. 인간의 활동이 어떻게 오존층을 파괴하는지 밝혀낸 과학자다웠다. 지구시스템을 연구하는 윌 스테픈도 마찬가지였다.

"많은 증거가 바다와 땅, 대기, 얼음 등에서 쏟아지고 있었어요. 그 증거들은 두 가지를 말했어요. 홀로세에서 봐오던 변화 수준이 아니라는 것과 자연적인 변화가 아니라는 것이죠. 하지만 모든 걸 포괄하는 하나의 강력한 개념, 용어가 없었어요."

바로 그때 크뤼천이 인류세라는 단어를 사용했다. 완벽한 타이밍이었다. 회의장에서 크뤼천이 인류세라고 말하자 일순간 조용해진 다른 학자들이 웅성거리더니 인류세에 대해 논의하기 시작했다. 쉬는 시간에 한 동료가 다가와 그 말이 처음 사용된 건지 알아봐야 하지 않겠냐고 조언했다. 크뤼천은 회의 이후에 문헌을 뒤져 1980년대 후반 미국의 생물학자 유진 스토머가 이 단어를 사용한 것을 찾아냈다. 크뤼천은 유진 스토머에게 연락했고 그 단어를 발전시키는 것에 관심이 없다는 답을 들었다. 일종의 저작권을 확보한 크뤼천은 IGBP에 연락해 IGBP의 학자들과 함께 그 개념을 발전시켰다. 당시 IGBP 전무였던 윌 스테픈은 크뤼천에게 IGBP 뉴스레터에 기고를 부탁했다. 그렇게 2000년 5월, 인류세가 인쇄된 활자 상태로 세상에 처음 등장했다.

"크뤼천이 처음 그 단어를 떠올렸을 때 그리 놀랍지는 않았어요. 오랜 시간 크뤼천과 함께 일해오면서 그가 복잡한 정보를 정리하고 법칙을 도출하는 데 매우 뛰어나단 것을 알았거든요."

노벨 화학상을 받은 한 천재의 머릿속에서 이 단어가 나온 것은 우연이 아니다. 그렇게 세상에 공개된 인류세는 단어 자체의 생명력으로 가지를 무한히 뻗기 시작했다. 대기와 지구시스템을 관찰하고 분석한 과학자들이 인류세 담론을 과학계 전체로 쏘아 올린 것이다.

대기화학자 파울 크뤼천

드론으로 내려다본 캔버라

구름이 걷히자 캔버라 시내가 훤히 내려다보인다. 거대한 호수를 지나 언덕 위에 큰 삼각형의 게양대에 펄럭이는 호주 국기가 보인다. 국회의사당은 그 아래 땅속에 지어졌다. 도로를 따라가보면 초록색 돔으로 덮인 전쟁기념관이 보인다. 캔버라는 건물들의 대칭구조가 명확하고 모든 게 자로 잰 듯 도시의 구획이 확실하다.

미국의 건축가 부부 월터 벌리 그리핀과 매리언 마호니 그리핀이 1913년 디자인한 이 계획도시는 당초 계획과 달리 제1차 세계대전과 경제 공황기를 거치며 1920~30년대까지는 발전하지 못했다. 국회의사당 앞이 양 떼가 풀을 뜯는 목장일 정도였다. 그러다 제2차 세계대전 이후, 1950년대부터 본격적으로 건물들이 들어서기 시작했다. 이제는 가장 인류세적인 도시로 손꼽힐 정도로 문명의 흔적이 잘 보인다. 높은 에너지 사용량, 잘 발달된 교통수단, 방사형으로 넓게 펼쳐진 도시 구조. 윌 스테픈의 말대로, 이 찬란한 성취는 불과 100년도 되지 않았다. 우리가 지구를 본격적으로 파괴한 시간도 이와 비슷할 정도로 짧다. 그럼에도 지난 수백만 년 동안 내내 온전했던 달걀 껍데기에 금이 쩍쩍 가기 시작했다.

거대한 가속

2020년 1월 1일, 캔버라는 두꺼운 연기로 뒤덮였다. 호주 남동부 지역에 발생한 들불bushfire이 4개월 넘게 지속되며 피해가 캔버라까지 번진 것이다. 화재 현장에서 연기가 날아오며 캔버라 대기질 지수는 위험 수준으로 간주되는 200을 넘어 3400이라는 기록적인 수준까지 치솟았다. 이 최악의 들불로 서울의 100배가 넘는 면적이 타버렸고 국가비상사태까지 선포되었다.

월 스테픈은 이것이 인류세의 징후라고 말한다. 들불은 자연적인 현상이지만, 기후 변화로 인해 '화재 체계'가 악화되며 화재의 강도, 빈도, 그리고 피해 규모가 비정상적으로 증가했다. 지난 20~30년간 호주 대륙의 강수량은 점차 줄었고, 특히 지난 3년간의 강수량 수치는 처참했다. 여름에 섭씨 30도, 때때

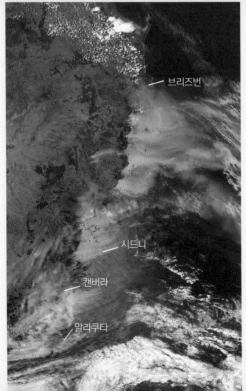

브리즈번

시드니

캔버라

말라쿠타

캔버라 시내에서 찍힌 들불 사진과
미 항공우주국NASA의
위성이 찍은 들불 연기

로 40도를 넘는 날이 늘어나면서 대형 들불을 위한 모든 조건이 갖춰졌고, 이제 소방관들은 불길을 통제하지 못한다.

"들불이 많은 호주의 특성상 소방관들은 화재 경험이 풍부하죠. 이제 많은 경우 그들은 불을 끄다가 멈추고 돌아서서 이렇게 말해요. '이 화재는 진압할 수 없습니다. 너무 큽니다.' 그들은 이런 것을 한 번도 본 적이 없어요. 인류세를 살아가면서 우리는 자연적인 현상에 스테로이드를 퍼붓고 있죠. 더 크게, 강하게, 심각하게, 통제가 어렵게 되도록 말이에요."

그 스테로이드는 바로 화석연료다. 석탄, 석유, 천연가스 등 화석연료를 쓰는 한 기후 변화로 인한 자연 재해는 더 잦아지고 맹렬해진다. 서울, 자카르타, 상파울루, 런던 등 지구 전역에서 에너지를 사용하며 땐 불이 아마존과 인도네시아, 호주의 숲에 옮겨 붙었다. 전 세계 석탄 수출의 3분의 1을 차지하는, 세계 최대의 석탄 및 액화천연가스 수출국 호주 또한 그 책임에서 자유롭지 못하다. 인류세의 재앙은 가해자와 피해자를 구별하기 쉽지 않으며, 행성 전체에 걸쳐 나타난다는 것이 특징이다. 우리는 지구라는 한 달걀 속에서 살아가고 있다.

언제부터 이렇게 된 걸까?

인류세에 관한 논문이 기고된 후, 파울 크뤼천과 윌 스테픈은 본격적으로 자료를 수집하고 분석하기 시작했다. 윌 스테픈은 인류세 관련 회의를 주최했고, 미국 조지타운 대학교의 존

맥닐과 다른 자연과학자들, 사회과학자들과 함께 최근의 인류 역사를 연구했다. 그들은 24개의 지표를 그래프로 만들었다. 세계 인구, 도시 인구, 실질 GDP, 에너지 사용, 비료 소비, 종이 생산 등 12개 지표는 사회경제적 변화에 관한 것이었고, 이산화탄소, 성층권 오존, 표면 온도, 열대우림 손실, 해양 산성화 등 나머지 12개 지표는 지구시스템에 관한 것이었다.●

결과는 충격적일 정도로 간단명료했다.

거의 모든 그래프가 산업혁명부터 1950년 직전까지 완만한 증가세를 보이다 1950년대를 기점으로 가파르게 상승했다. 세 사람은 이 경향성에 주목했고 이를 '거대한 가속The Great Acceleration'이라 명명했다. 2007년 발표된 이 논문은 과학계의 큰 주목을 받았고 인류세 담론에 힘을 실었다. 인류가 지구를 급격하게 변화시키는 힘으로써 작용하고 있다는 것이 과학적으로 드러났기 때문이다.

거대한 가속에 부정적인 측면만 있는 것은 아니다. 많은 사람들이 1950년대부터 빈곤에서 벗어났고 삶의 질이 올라갔다. 인류 전체의 복지가 증가한 것이다. 20세기 중반부터 탄력을 받은 자본주의 시스템은 부와 소비를 발생시키며 인류세의 엔

● Steffen, Will, Paul J. Crutzen, and John R. McNeill. "The Anthropocene: Are Humans Now Overwhelming the Great Forces of Nature." *AMBIO: A Journal of the Human Environment* 36.8 (2007): 614-621.

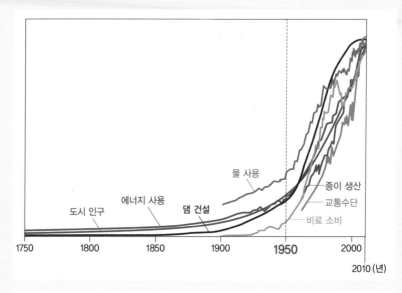

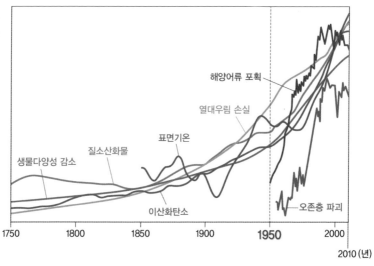

사회경제적 지표(위)와 지구시스템 지표(아래)

진 역할을 했다.

동시에 거대한 가속은 지구시스템을 변화시켰다. 인간의 몸이 피를 순환시키고, 폐를 통해 산소를 호흡하고, 음식을 먹고, 근육으로 움직이는 하나의 시스템이듯, 지구도 잘 갖춰진 하나의 통합적이고 복잡한 시스템이다. 남극과 북극, 열대우림, 사바나, 사막 등 각 부분들 사이에서 대기 순환, 탄소 순환, 물의 순환, 해양 순환 등 다양한 순환 사이클이 작동하면서 안정적인 상태가 유지된다. 거대한 가속은 지구시스템의 변화 비율을 통제 불가능한 상황으로 밀어붙였고, 결국 지구시스템은 홀로세의 안정적인 상태를 벗어났다. 그 결과는 호주 들불 같은 기후 위기로 나타나고 있다.

누구보다 이 상황을 절실하게 아는 파울 크뤼천은 선언할 수밖에 없었을 것이다. 우리는 더 이상 홀로세를 살고 있지 않다고.

홀로세

인류세를 이해하기 위해서는 현재의 공식 지질시대인 홀로세 Holocene를 우선 알아야 한다. 홀로세는 빙하기 이후 지금까지의 비교적 따뜻한 시기를 말하며, 약 1만 년가량의 시간에 해당한다.● 홀로세는 '전부'를 뜻하는 그리스어 'Holos'에서 유래했다. 홀로세의 증거를 보기 위해 덴마크 코펜하겐의 닐스보어 연구소에 갔다. 1921년 설립된 이곳은 노벨상 수상자만 4명을 배출한 물리학의 성지다.

"이것은 지금으로부터 1만 1703년 전이에요." 얼음 조각을 꺼내면서 예르겐 스테픈슨Jørgen Steffensen 교수가 어느 한 지점을

● 인류세가 공식적으로 인정받는다면 빙하기 이후부터 인류세 전까지의 시기다.

가리킨다. "바로 여기가 빙하기에서 홀로세로 바뀐 지점이죠. 빙하기의 종말이라고 부릅니다."

스테픈슨 교수가 보여주는 것은 그린란드의 땅속 1.5킬로미터 지점에서 시추한 얼음 조각이다. 그린란드는 면적이 220만 제곱킬로미터로 한반도 면적의 약 10배에 달하는 세계 최대의 섬이다. 전체 면적의 85퍼센트가 두꺼운 얼음에 뒤덮여 있다. 스테픈슨 교수는 1999년 빙하로 뒤덮인 땅에 대형 시추 기구를 설치해 땅속 3,085킬로미터 깊이의 얼음을 뽑아냈고, 그중 1.5킬로미터 지점에 해당하는 얼음 조각에서 빙하기의 종말을 찾아냈다. 빙하기의 마지막은 플라이스토세였는데, 그의 연구팀은 플라이스토세에서 홀로세로 넘어오는 순간을 찾아내 2007년 『사이언스』에 발표했고 국제층서위원회에서 이를 공식적으로 인정받았다. 물리학자인 그가 다른 물리학자, 지질학자 동료들과 얼음 조각 속에서 공식 지질시대를 찾아냈고, 지질학계는 역사상 최초로 얼음 조각을 증거로 받아들였다.

이런 얼음 조각을 얼음코어라고 한다. 해저나 빙하를 굴착해 뽑아낸 샘플을 코어라고 부르는데, 얼음이기 때문에 얼음코어다. 그린란드와 남극의 얼음은 단순히 물이 언 것이 아니다. 응축된 눈이다. 비나 눈은 물이 증발되고 이동해 응결된 후 지상으로 내려온다. 특히 눈송이 사이의 모든 공간에 공기가 갇혀 있다. 얼음의 10퍼센트가 공기다. 옛날 공기가 그대로 보존

예르겐 스테픈슨 교수가 1999년 시추한 얼음코어

돼 있는 것이다. 따라서 얼음코어를 분석하면 과거의 기후를 읽을 수 있다. 예를 들어 얼음 속의 산소를 분석해 눈이 내렸을 때의 기온을 측정한다. 공기 방울 속의 온실가스도 볼 수 있다. 기후와 대기 순환의 변화를 말해주는 화학 물질도 있다. 60여 년 전 빌리 단스고르Willi Dansgaard가 얼음코어를 이용한 연구를 구상해 얼음이 해저퇴적물처럼 과거의 기후 변화를 기록한다는 사실을 밝혀낸 후 이제 얼음코어 연구는 기후 변화 퍼즐을 푸는 중요한 과학 분야가 됐다.

"한국에서 오셨죠? 얼음 속에서 어떤 정보를 찾아드릴까요? 조선시대의 은 채굴량?"

덴마크식 농담을 하는 스테픈슨 교수는 1980년대부터 지금까지 35차례 그린란드와 남극을 탐사한 베테랑 얼음물리학자다. 얼음코어의 아버지 빌리 단스고르의 제자이기도 하다.

실제로 그는 동료 조지프 매코널과 함께 얼음코어 속 납 오염도를 분석해 로마 제국의 경제적인 흥망성쇠를 읽어낸 바 있다. 로마의 은 광산 채굴 과정에서 나온 납이 그린란드까지 와서 쌓였는데 그것을 시대별로 분석한 것이다. 아까 던진 농담은 이런 식으로 동아시아에서 벌어지는 큰일을 얼음코어 분석을 통해 읽을 수 있다는 암시였다.

"사람 외에 납을 이렇게 공기 중으로 흘릴 만한 다른 원인은 없습니다. 은과 금에 열광하는 건 사람뿐이죠. 로마 제국이 번창

빙하기   홀로세

얼음코어를 채취하는 모습과 지층처럼 켜켜이 쌓인 얼음

할 때 얼음코어의 납 오염량도 증가하다가 기원후 300~500년 사이에 줄죠. 그러다 800년경에 다시 급증해요. 카롤루스 대제(샤를마뉴)가 로마를 다시 세웠거든요. 서유럽의 패권을 쥐며 자신의 얼굴이 새겨진 은화를 주조하기 시작했어요. 그래서 납 오염도가 다시 올라갑니다."

화석연료를 태우며 증가한 메탄, 냉장고를 사용하며 발생하기 시작한 프레온 가스, 1945년 원자폭탄에서 나온 방사성 탄소 등 인간의 활동 내역이 얼음코어에 고스란히 담겨 있다.

"시추한 얼음코어에서 1963년에 해당하는 부분을 보면, 평소보다 50배 높은 방사능 수치를 발견할 수 있어요. 1963년 미국과 러시아의 핵폭탄 때문에 대기가 오염된 거죠. 두 나라가 지하에서만 폭탄 실험을 하기로 하자 수치가 줄었어요."

무엇보다 스테픈슨 교수의 가장 큰 업적은 빙하기(플라이스토세)에서 홀로세로 넘어오는 경계를 찾았다는 것이다. 이런 경계를 '국제표준층서구역Global Boundary Stratotype Section and Point, GSSP'이라고 부른다. 국제표준층서구역은 뚜렷한 변화가 기록된 퇴적층으로 그 지질시대의 시작점이 된다. 국제표준층서구역이 되려면 몇 가지 조건이 있다. 전 지구적 사건에 대한 표식을 확인할 수 있는 모식층이 있어야 한다. 모식층 위아래로 적당한 두께의 연속된 퇴적층이 존재해야 한다. 정확한 위치를 알 수 있어야 하고, 접근이 용이하고, 보존이 잘 되어야 한다. 스테픈슨 교수가 동료와 함께 찾은 것이 이에 해당한다.● 엄격한 기준을 뚫고 다른 지질시대와 구분되는 결정적 증거를 찾은 것이다.

얼음코어를 통해 인간의 흔적을 관찰해온 그는 힘을 주어 말한다.

"우리는 확실히 한 종이 지구 환경 전체를 바꾼 시대에 살고 있습니다. 분명 인간이 만든 시대를 살고 있어요. 호모사피엔스가 지구를 바꾸고 있다는 것은 사실이죠."

문제는 그것이 언제 시작됐느냐 하는 것이다. 인류세의 기점은 언제일까? 지구시스템과학자 윌 스테픈처럼 1950년대를 말하는 학자가 많다. 얼음물리학자인 예르겐 스테픈슨은 그 질문에 난색을 표했다. 얼음코어를 보면 농경의 시작, 산업혁명 등 인류의 활동을 잘 보여주는 시기가 최소 5~6번 나타난다는 것이다.

"2000년 전 로마시대에 시작된 납 오염, 산업혁명 시점부터 증가한 메탄, 프레온 같은 인공적인 가스의 출현, 핵폭탄에서 나온 방사능 물질까지 얼음코어에 기록돼 있어요. 인류는 이 행성에 아주 오랜 기간 흔적을 남겼거든요."

● 너무 오래된 지질시대의 경우에는 이러한 조건을 충족시키는 잘 보존된 지층을 찾기 어렵다. 이럴 때는 학자들 사이에서 합의된 시간의 절댓값을 이용한다.

황금못

어디에 인류세의 선을 그어야 하는 것일까?

인류세의 시작점을 놓고 한참 논쟁이 벌어지던 2018년 7월, 예상하지 못한 소식이 날아들었다. 우리가 살고 있는 시대에 지질학계가 공식적으로 새로운 이름을 붙였다는 뉴스였다. 인류세가 정식 지질시대로 인정받으려면 아무리 짧아도 수년, 길게는 십 년 넘게 걸릴 텐데 어떻게 된 것일까? 놀랍게도 새 지질시대는 인류세가 아니라 또 하나의 홀로세였다. 많은 사람들이 혼란에 빠졌다. 이것이 의미하는 바는 무엇일까? 인류세가 공식 지질시대가 되는 것과는 무슨 연관성이 있을까? 그 답을 찾기 위해 인도로 향했다.

인도 동북부의 메갈라야Meghalaya. '구름의 집'이라는 뜻을 가진 곳답게 강수량이 많고 안개가 자욱한 날이 대부분이다. 해발고도 1400미터의 체라푼지에 서면 거대한 노칼리카이 폭포가 내려다보인다. 고원이 싹둑 잘린 듯한 장관에 '동양의 그랜드캐니언'이라는 별명이 생겼다. 폭포를 지나 굽이굽이 산악지형을 차로 한참을 가면 신비한 동굴 입구가 나온다. 바로 마우물루Mawmluh 동굴. 허리를 구부려 기어야 들어갈 수 있는 동굴 입구를 통해 지질학의 세계로 입장한다.

20명 남짓한 탐사대원들이 낑낑대며 한 줄로 이동한다. 두 사람이 나란히 걸을 수 있는 구간이 별로 없다. 어떤 구간은 높이가 1미터 정도라 낮은 포복으로 간신히 지나간다. 그러다 나오는 물이 고인 곳. 엉덩이까지 흠뻑 젖고 장화엔 이미 물이 한가득인 상태에서 80도 경사를 오른다.

"세상에, 이것 좀 보세요. 저건 이 동굴에서 나온 게 아니에요."

동행한 인도 과학원 지구과학센터의 치테니파투 라젠드란Chittenipattu Rajendran 교수가 손으로 가리킨 곳에는 플라스틱 쓰레기가 석순에 걸려 있다. 폭우가 지나가면 지상의 쓰레기가 이 유서 깊은 동굴 속으로 흘러들어오는데 그 흔적이 발견되는 것이다.

"정말 인류세적인 풍경이네요. 이런 장면을 찍으러 전 세계를 돌아다니고 있다면서요."

오늘의 목적은 수십만 년 된 동굴 깊은 곳에서 플라스틱 쓰레기를 찾는 게 아니니 계속 이동한다. 가쁜 숨을 몰아쉬며 얼마간

황금못이 발견된 마우물루 동굴 입구(아래)

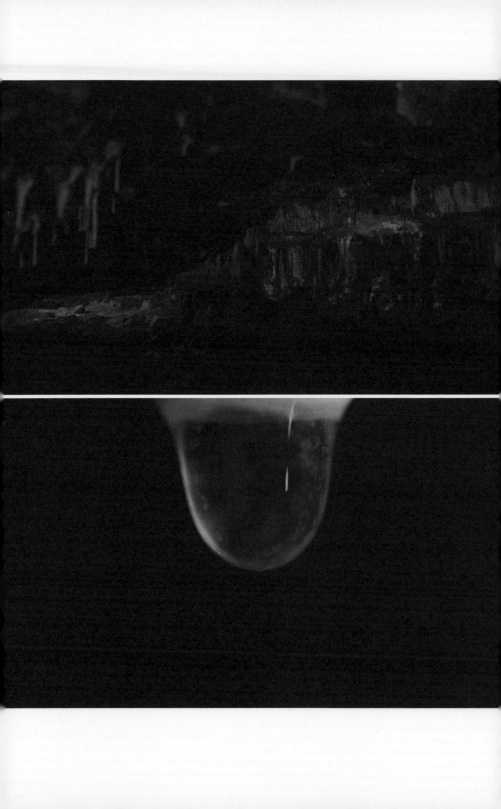

더 가니 비밀의 화원처럼 탁 트인 공간이 나온다. 2.5~3미터 정도의 높이에 100평 정도 넓이의 공간. 석순과 종유석이 바닥과 천장에 가득한데 신비하다 못해 영험한 기운이 돈다. 종유석 끝에 고인 물방울은 석회질이 가득한지 작은 알갱이가 소용돌이치다가 '똑' 소리를 내면서 바닥에 떨어진다. 동굴이 조용해 소리가 영롱하고 또렷하게 들린다. 석회암 동굴은 옛날 여기가 바다였다는 증거다. 시계를 보니 동굴 입구에서 1시간 반이 소요됐다.

"바로 여기가 가장 최근에 발견된 황금못입니다."

황금못Golden Spike. 국제층서위원회는 지질시대의 공식적인 경계인 국제표준층서구역에서 동물군의 변화, 대멸종 등 전 지구적인 변화를 인지할 수 있는 지질 기록이 보존된 특정 지층의 특정 층준을 지정하여 황금못을 박아 표시한다. 바로 이 공간이 신생대 제4기 홀로세 중 가장 최근에 해당하는 시기를 특정했다. 그 시기의 이름은 지역명에서 딴 메갈라야절. 즉, 신생대 제4기 홀로세 메갈라야절이다. 대-기-세의 하위 단위인 절에 해당한다. 빙하기가 끝난 1만 1700년 전부터 이어져온 홀로세에는 2개의 절이 있었다. 그린란드절과 노스그립절. 하나는 닐스보어 연구소의 예르겐 스테픈슨 연구팀이 그린란드에서 발견한 것이고 다른 하나도 그린란드의 얼음코어 연구를 통해 발견됐다. 그런데 지구 건너편 아시아의 동굴 속 이 장소에서 새로운 지질시대가 발견된 것이다.

실제로 우리가 동굴에 들어오기 전 만난 인도 지질조사원GSI
의 과학자들은 가장 최근의 지질시대가 불과 몇 년 전에 이곳
에서 발견됐다는 사실에 크게 고무돼 있었다. 석순 사이를 돌
아다니던 치테니파투 라젠드란 교수는 부러진 석순을 하나 발
견하더니 한쪽 무릎을 땅에 대고 우리에게 설명해주었다.

"이 석순을 자세히 보면 링이 있죠. 나무의 나이테라고 생각
하면 돼요. 천장에서 아주 조금씩 떨어지는 물로 이 석순이 자
라요. 해마다 생긴 링이 여기 잘 보이죠."

링은 성장 고리인 셈인데, 기후가 습하거나 건조해질 때마다
링의 두께가 바뀐다. 건기가 오래 지속돼 큰 가뭄이 들면 링이
아주 가늘고, 반대로 비가 많이 내리면 링이 두껍다. 당시 환경
에 대한 실마리가 묻어 있는 것이다. 이 석순을 세로로 자르면
링은 더 잘 보인다. 지질학자들은 석순을 채취해 얼음코어처
럼 분석한다. 우라늄-토륨 연대측정법을 통해 링의 나이를 알
아내고, 산소 동위원소의 비율을 측정해서 링이 생성된 시기의
온도를 알아낸다. 산소 동위원소에는 무거운 산소(^{18}O)와 가벼
운 산소(^{16}O)가 있는데, 대기 중에서 두 동위원소의 비율($^{18}O/^{16}O$)
은 기온이 높으면 증가하고 기온이 낮으면 감소한다.

이렇게 동굴 석순 샘플은 기후 변화를 읽고 지구의 역사를
알아내기 좋은 훌륭한 표본이다. 그래서 지질학자들은 바다에

부러진 석순의 절단면

서 해저코어 샘플, 빙하에서 얼음코어 샘플을 채취하는 것처럼 동굴에서 석순 샘플 등을 가져가 연구한다. 2012년 학자들은 이 동굴에서 망치를 사용해 채취해간 석순을 분석해서 지금까지 찾지 못했던 홀로세 후기의 새로운 시대를 찾았다.

웨일스 대학교 고고학과의 마이크 워커 교수는 4200년 전 시리아에서 일어난 대가뭄이 전 지구적 공통 현상이었다는 생각을 갖고 증거를 찾다가 마우물루 동굴의 석순 샘플을 분석했다. 샘플에는 양쯔강 문명이 탄생한 시기, 인더스 문명이 탄생한 시기가 고스란히 나타나 있었는데, 석순 맨 끝 부분에 문명이 붕괴된 시기가 표시돼 있었던 것이다. 기후가 건조한 시기가 수백 년에 걸쳐 오래 지속되자 물 부족으로 인해 큰 문제가 발생했고, 이 재앙은 문명의 붕괴로 이어졌다. 메소포타미아 문명, 이집트 문명, 황허 문명, 인더스-갠지스 문명 등 지구 전역의 문명이 붕괴했다. 이는 당시 인류의 진화에 큰 영향을 미쳤다. 새로운 농업 문명이 나타난 것이다. 중국에서의 인류의 초기 정착도 이 기후 변화의 영향을 받았다.

국제지질학회는 이곳을 홀로세 후기의 황금못으로 인정했다. 4200년 전부터 현재까지의 시기를 공식적으로 특정한 것이다. 2018년 7월 공표된 이 결정은 지질학계 내부에서 큰 논쟁으로 이어졌는데, 인류세 논의에 영향을 미치는 결정이기 때문이었다. 여러 학자가 우려를 표했는데 미국 애리조나 대학교의

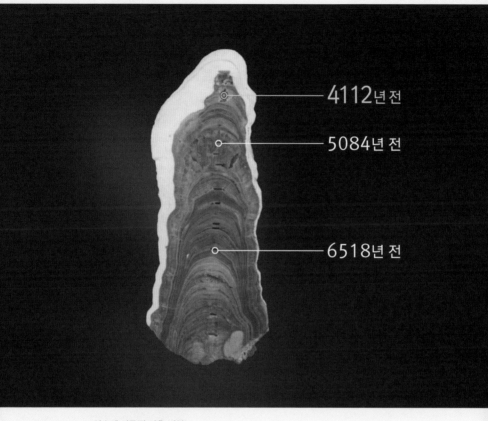

4112년 전

5084년 전

6518년 전

석순에 기록된 기후 변화

제시카 티어니 교수도 그중 한 명이다.

"4200년 전에 발생했던 가뭄과 우기를 한데 합쳐 엉뚱한 지질시대를 만들어냈어요."

영국 런던 대학교의 지질학과 교수인 마크 매슬린도 메갈라야절을 공식 지질연대로 인정한 것이 너무 성급한 결정이었다고 비판한다.

인류세를 적극적으로 주창하는 지질학자들은 인류세의 분기점을 두고 농경의 시작, 산업 혁명의 시작, 최초의 핵 실험 이후(1950년 대) 등을 후보로 보고 있었다. 메갈라야절의 등장은 농경이 시작된 시기와 유사한 4200년 전에 새 지질시대가 시작됐다고 공표한 것으로, 인류세의 분기점 후보를 하나 지웠다. 인류세에 대한 과학적 검토가 끝나지 않은 상황에서 반강제적으로 농경의 시작과 인류세는 무관해진 것이다. 또한 인류세가 공식 지질시대로 인정받을 수 있을지 여부가 분명하지 않은 상황에서 지질학계 내부의 충분한 논의를 거치지 않고 홀로세 후기 메갈라야절이 발표된 사실이 인류세 담론에 악영향을 끼칠 것이라 걱정하는 이들도 있었다. 인류세 담론의 가장 핵심적인 인물 중 하나인 지질학자 얀 잘라시에비치Jan Zalasiewicz는 그런 우려를 일축한다.

"메갈라야절은 홀로세 내에서 4200년 정도의 기간을 의미하는 거예요. 홀로세 연구가들 사이에서 몇 년간 논의한 것으

로 정한 사실이죠. 인류세는 다른 이야기입니다. 지구시스템의
지질학적 변화가 200년 전부터, 주된 변화는 70년 정도 전부터
시작됐을 것이라는 이야기죠. 홀로세의 한 시기인 메갈라야절
을 인정할지 아닐지는 인류세에 대한 평가를 내리는 것과는 관
련이 없는 독립적인 이야기입니다."

메갈라야절 인정의 근거가 된 4200년 전의 대가뭄은 작은
규모의 변화다. 인류세는 훨씬 큰 변화다. 지구시스템을 영구
적으로 바꿀 만한 파괴력을 새롭게 명명하는 작업이다. 메갈라
야절이 홀로세 또는 인류세의 하위 단위인 절에 해당하니, 상
위 단위인 인류세 공식화는 다른 차원의 문제다.

잘라시에비치는 아직은 과학적 주장에 불과한 인류세를 공
식 지질시대로 인정할지 말지를 결정할 권한을 가진 국제지질
학연합에 속한 인류세실무그룹 의장이다.

국제지질학연합IUGS 산하에는 국제층서위원회ICS가 있는데
잘라시에비치는 이 국제층서위원회의 제4기층서소위원회 소
속이다. 그는 우연한 기회에 인류세 개념을 접하고 논쟁의 장
에 뛰어들어, 그전까지는 대기과학자와 지구시스템과학자가
이끌던 인류세 담론을 과학계 전반으로 크게 확장시켰다.

2002년 파울 크뤼천이 인류세를 주창하고 기고를 이어나갈
때, 잘라시에비치는 과학 학술지『네이처』를 읽다가 인류세 개
념을 알게 됐다. 노벨 화학상을 받은 크뤼천의 명성과 '인류세'

라는 단어 자체가 주는 힘 덕분인지 과학계에서 인류세라는 용어가 각종 논문, 저널, 책에서 인용되고 있는 시점이었다. 분위기만 봐서는 인류세가 공식적인 지질연대로 인정받은 것처럼 쓰이던 시절, 정작 지질학자들은 논의에서 빠져 있었다. 잘라시에비치는 다른 지질학자들의 생각이 궁금했다.

런던에 위치한 국제층서위원회 모임에 간 잘라시에비치는 인류세 이야기를 꺼냈다. 과연 논리적으로 말이 되는지 물어봤다. 22명의 회원 중 21명이 인류세가 지질학적으로 근거가 있다고 말했다. 그 순간 잘라시에비치는 인류세가 정식 지질연대로 인정될 수 있는지 과학적으로 더 연구할 가치가 있음을 깨달았다. 그는 2008년 논문을 발표하고 공식 연구를 시작했다. 제4기층서소위원회 내 인류세실무그룹AWG이 꾸려졌다. 인류세가 공식 지질시대로 인정받을 수 있을지 증거를 수집하고 과학적으로 검토하는 작업이 시작됐다. 그 일환으로 인류세의 황금못을 찾고 있는데, 캐나다의 호수, 그린란드의 빙하, 바다의 산호 등이 후보다.

잘라시에비치의 노력은 결실을 맺기 시작했다. 2019년 5월 21일, 이번에는 홀로세가 아닌 인류세에 대한 지질학계의 공식 발표가 있었다. 얀 잘라시에비치, 윌 스테픈, 파울 크뤼천이 소속된 인류세실무그룹은 두 가지를 표결에 부쳤다.

1. 인류세가 지질학·층서학적으로 실재하는가?

2. 1950년대를 인류세의 시작점으로 볼 수 있는가?

두 안건 모두 위원 34명 중 29명의 찬성으로 통과됐다. 인류세가 정식 지질시대에 한발 더 가까워졌다는 소식이었다.

인류세실무그룹은 인류세를 정식 지질시대로 인정하자는 내용의 제안서를 2021년까지 국제층서위원회에 전달하기로 결의했다. 이 제안서가 국제층서위원회와 국제지질학연합에서 통과되면 인류세가 공식화된다. 우리의 이름 '인류'가 지질연대표에 새겨지는 것이다.

붕인섬

안드레의 바다

지구의 약 70퍼센트가 바다로 덮여 있다. 나머지 30퍼센트에 해당하는 육지에서 77억 인구가 빽빽이 살아가고 있다. 이 군상을 한눈에 볼 수 있는 특별한 곳이 있다. 인도네시아의 붕인섬Pulau Bungin이다. 세계에서 가장 인구밀도가 높은 섬 중 하나. 하늘에서 바라보면 지구를 일억분의 일로 축소한 미니어처다.

붕인섬이 특별한 이유는 바자우족 때문이다. 바자우족은 바다의 집시라 불린다. 지붕이 덮인 작은 배를 타고 바다를 떠돌며 평생 배 위에서 살아간다. 이들이 육지로 올라올 때는 물을 길을 때나 상인에게 해삼과 물고기를 주고 바다에서 구하지 못하는 것들을 얻으러 올 때 정도. 그들에게 바다는 풍요롭고 육지보다 안전한 곳이다.

밀다 드뤼케가 지은 『바다 유목민의 선물Die Gabe der Seenomaden』에는 그들이 어떤 민족인지 잘 나타나 있다.● 드뤼케는 원시 부족 바자우족의 생활상을 알기 위해 찾기도 힘든 그들을 수소문하고, 마침내 그들에게 받아들여져 바자우족의 문화에 조금씩 접근해가는 내용을 여행기 형식으로 흥미진진하게 풀어냈다. 설탕, 커피, 담배, 식수 정도만 있으면 세상 행복한 웃음을 짓는다는 바자우족. 바다에서 일생을 보내는 민족답게 숨을 참는 시간이 보통 사람보다 훨씬 길고, 투시 능력도 두 배 이상이라는 등 바닷속 활동에 적합하게 신체가 진화했다는 연구 결과가 이어지고 있다.

하지만 바자우족도 변하고 있다. 인도네시아 정부는 국경 개념 없이 해상 생활을 하는 바자우족의 생활 방식을 초법적이라 여겨 제한하기 시작했고, 현대 문명이 유입되면서 대부분의 바자우족이 육지에 정착했다.

붕인섬도 그렇게 생겨났다. 붕인섬을 부르는 고유어 '부 붕인'은 바다 한가운데 솟은 흰 모래톱이라는 뜻이다. 바다 위에 봉긋 솟아 있던 하얀 모래톱에 어느 날 한 사내가 가족을 이끌고 도착했다. 그는 나무 한 그루를 심고 모스크 사원을 지었다. 이윽고 다른 바자우족들이 모여들기 시작했고 땅이 부족하자

● 국내에는 『바다를 방랑하는 사람들』(장혜경 역, 큰나무, 2003)이라는 제목으로 출간되었다.

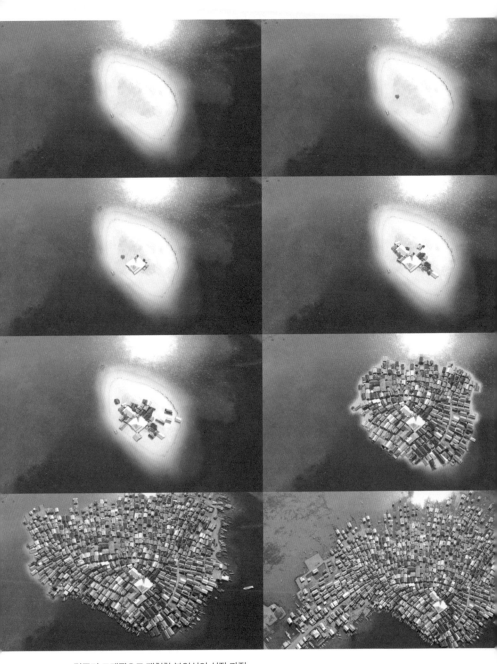

컴퓨터 그래픽으로 재현한 붕인섬의 성장 과정

사람들은 섬을 넓혀가기 시작했다.

200여 년이 지난 지금 3헥타르였던 모래톱은 9.5헥타르로 세 배 넘게 커졌고(여의도의 1/30 수준) 3400명 정도 되는 사람이 옹기종기 모여 살며 물고기를 잡아 생계를 유지한다. 주민의 약 90퍼센트가 어업에 종사한다.

붕인섬으로 향하는 길. 자카르타에서 환승해 숨바와 공항에 내렸다. 차로 세 시간 정도 더 가니 드디어 사진으로만 보던 모습이 보인다.

연륙교를 건너자 펼쳐지는 붕인섬의 한 겹 한 겹.

다닥다닥 붙은 목조 건물들은 2층 구조인데, 한낮의 열기를 피하기 위해서인지 다들 1층 그늘에 내려와 담소를 나누거나 주변에 참견을 하고 있다. 누군가는 생선을 굽고, 누군가는 집 앞을 쓸고. 가위로 이발을 하는 모습도 보이고, 양동이에 물을 떠오는 사람도 보인다. 십 미터만 가도 차 양쪽으로 네다섯 집이 눈에 들어온다. 다니는 차가 귀한지, 그들 또한 마을로 들어오는 차와 그 속에 탄 낯선 외국인의 모습을 관찰한다. 환하게 웃거나 인사의 말을 건넨다.

밤이 깊어지자 부둣가가 시끄럽다. 별다른 유흥거리가 없는 섬에서 젊은이들은 삼삼오오 모여 기타를 치며 노래를 부르고 골목마다 어른과 아이가 평상에 앉아 수다를 떤다. 하늘에는 별이 가득하다.

이곳 주민들은 어떻게 인류세를 살아가고 있을까?

안드레는 물속에 있는 게 행복한, 전형적인 바자우족 소년이다. 등교 전에는 양식장을 관리하고, 방과 후에는 관상어의 일종인 만다린피시를 잡아 상인에게 팔아 용돈을 마련한다. 여섯 식구가 한집에서 사는데 어부가 세 명이라 배도 세 척이다. 붕인섬 사람들은 한 가구당 한 척 이상씩 배를 보유하고 있다.

안드레 삼부자가 물고기 작살 사냥을 나서는 날. 작은 배를 타고 삼십 분을 이동한다. 이렇게 멀리 와야 큰 물고기를 잡을 수 있다고 한다. 수경을 쓰고 물속 상태를 확인한 후 작살을 들고 물속으로 풍덩 뛰어드는 안드레의 아버지 바깔.

바깔은 바자우족답게 물속에서 4분에서 5분 정도 숨을 참을 수 있다. 그는 해저의 바위나 산호 같은 지형지물을 이용해 자리를 잡고 기다린다. 물고기와 직선이 될 때까지.

"물고기와 제가 비스듬하게 있을 때 발사하면 작살이 옆으로 들어가서 물고기 상품가치가 떨어져요. 일직선상에 있을 때 쏴야 상품가치가 크죠."

삼치같이 큰 물고기는 상처 부위의 크기가 판매가에 영향을 미친다. 작살 사냥으로 하루에 많게는 50만 루피아(약 4만 원) 정도는 번다는 바깔은 베테랑답게 능숙하게 대어를 잡아 배 위로 올라왔다.

"예전에는 집 앞에서 돌고래를 쉽게 볼 수 있었어요. 지금은

그렇지 않죠." 아버지 바깔은 한숨을 내쉰다. 예전보다 물고기가 많이 줄었다.

붕인섬에 바자우족이 정착한 것은 황금어장 때문이다. 멀리 나갈 필요 없이 섬 어귀에서도 손쉽게 물고기를 잡고 해삼을 캘 수 있는 천혜의 섬. 그러다 보니 사람들이 몰려들고 섬은 커졌다. 그럴수록 근해의 물고기는 점점 씨가 말라갔다. 바깔의 아버지가 어부였을 때의 바다와 바깔이 어부 생활을 하는 지금의 바다는 다르다. 십 년 뒤 안드레가 물고기를 잡을 때의 바다는 또 다를 것이다.

다음 날 안드레와 함께 붕인섬 인근 바다로 들어가본다. 탁도가 너무 높아 촬영하기조차 힘든 상태. 시계가 잘 안 나와 안드레와 십 미터만 떨어져도 뭘 하는지 안 보일 정도다.

붕인섬의 근해는 더럽다. 폐어구가 쌓여 작은 산을 이루기도 하고, 산호가 죽어 무덤같이 보이는 곳도 있다. 산호 백화현상은 2007년부터 두드러졌는데, 조사해보니 섬 주변 산호의 40퍼센트가 훼손됐다. 3400명이 살아가는데 섬 주변의 바다가 깨끗할 리 만무하다. 생활하수, 쓰레기 등 육지의 온갖 흔적이 바다로 흘러든다. 이 바다는 언제까지, 어느 수준까지 사람들을 감당할 수 있을까?

안드레가 배 위로 올라온다. 호흡이 짧아 지친 모습이 역력하다. 안드레의 바다도 가쁜 숨을 몰아쉬고 있다.

2장
여섯 번째
대멸종

죽음의 바다

지질학의 세계에서는 천지개벽이 자연스럽다. 하늘에서 운석이 떨어지고, 대륙이 이동하고, 땅이 바다가 된다. 영국 레스터의 틸튼 기차선로 절개지Tilton Railway Cutting는 한때 바다였다. 기찻길로 쓰이다 폐쇄됐지만 지질학적 가치가 커 개발하지 않고 보존지역으로 남겨둔 곳이다. 절개지 단면의 층층이 쌓인 퇴적층 경계가 눈에 띈다.

"여기 있네요. 아주 작은 화석인데 껍데기 부분이에요. 쥐라기 바다에 많이 살던 완족류brachiopods라는 생명체예요. 공룡이 살던 시절이죠. 당시 바다는 초기 공룡과 암모나이트가 살았고 이 완족류가 아주 흔했어요. 해저가 다양한 생명체들로 번성하던 시기였죠. 얕은 곳과 깊은 곳 모두요. 다양한 생명체가 살던 낙원이었죠."

지질학자이자 인류세실무그룹 의장 얀 잘라시에비치의 발걸음이 빨라진다. 폐선로를 200미터쯤 더 걷더니 멈춘다.

"이 지점에서 세계가 바뀝니다. 1억 8200만 년 전 사건이에요. 아까 본 곳은 생명체가 살아 있는 바다고 여기 보이는 건 죽은 바다예요. 해저의 생명체 상당수가 멸종했어요. 이산화탄소가 행성을 데워 5도 정도 기온이 올라가면서 바다의 해류가 느리게 움직였어요. 산소가 해저로 잘 이동하지 못해 산소 부족으로 해저 식물과 생명체가 멸종했어요. 멸종을 피하려면 바다 위쪽으로 올라가야만 했죠. 생명체의 서식지가 변했어요. 이런 사건들이 지구의 역사를 바꾸는 것입니다."

거대한 죽음의 현장에서 잘라시에비치의 설명을 듣고 있자니 '멸종'이라는 단어가 사뭇 다르게 느껴진다. 지질학에서 멸종은 중요한 사건이다. 잘라시에비치는 인류세의 멸종에 관한 증거를 모으는 과학자다.

"지질학적으로 보면 인류세는 빠르게 진행되고 있어요. 지금은 매우 초기지만요. 탄소를 매우 빠르게 방출하고 있는데, 화석연료로부터 매년 수십 억 톤의 탄소가 공기 중으로 배출되고 있고, 우리 주변 대기에는 인간에게서 나온 탄소가 몇 조 톤이나 있어요. 이런 것들이 쌓이다 보면 쥐라기 바다에서 발생했던 것과 비슷한 일이 발생할 수 있어요."

온난화는 해류의 흐름을 늦춰서 바다 표면에서 해저로의 산소 이동이 늦어진다. 수백 년에서 수만 년에 걸쳐 진행되는 그 과정이 이미 시작됐다.

"지질학적으로는 짧은 시간인데 사람의 생명 주기를 생각하면 굉장히 긴 시간이죠."

바닥의 석회석을 한 줌 집어본다. 조금만 힘을 주니 여러 조각으로 쪼개진다. 탄소가 많이 포함되어서다. 현대 문명이란 게 탄소를 태우며 이룩한 건데, 언젠가 이 석회석처럼 쉽게 부서질 수도 있겠다는 생각이 든다.

틸튼을 떠나 레스터 시내로 돌아온다. 10월의 제법 쌀쌀한 날씨인데도 쇼핑하러 나온 시민이 많다. 잘라시에비치가 한 생활용품점 진열창 앞에서 걸음을 멈춘다. 틸튼에서 퇴적층을 보고 온 직후라 그런지 켜켜이 쌓인 매대의 층이 더 지질학적으로 보인다.

"저 같은 지질학자에게는 상품이 쌓여 있는 게 지층으로 보일 때가 있어요. 바닥에서부터 쌓이기 시작해서 점점 위로, 가장 연식이 낮은 층이 꼭대기를 차지하죠."

플라스틱 용기와 포장재에 담긴 물건들이 지질연대를 한 줄씩 차지하고 있다. 내친 김에 잘라시에비치에게 46억 년 지구 역사를 요약해달라고 부탁한다. 친절하고 상냥한 그는 싱긋 웃더니 이내 설명을 시작한다.

지질시대를 나누는 것은 생물의 출현과 멸종. 인류가 나타나기 전 다섯 번의 대멸종이 있었다.

첫 번째, 고생대 오르도비스기 말. 4억 5000만 년에서 4000만 년 전의 일이다. 오소세라스*Orthoceras* 같은 앵무조개류와 삼엽충이 번성했는데 해양 생물 50퍼센트와 해양 무척추 동물 100여 과가 멸종됐다. 원인은 전 지구적 기후 한랭화와 남반구의 빙하기인 것으로 추정하고 있다.

두 번째, 고생대 데본기 말로 원시어류가 살던 시기이다. 3억 7000만 년에서 6000만 년 전에 발생해 생물종의 70퍼센트가 사라졌다.

세 번째, 고생대 페름기 말. 2억 5100만 년 전인데 해양 생물종의 약 96퍼센트와 육상 척추동물의 70퍼센트 이상이 절멸했다. 역대 대멸종 중 가장 큰 규모였다.

네 번째, 중생대 트라이아스기 말로 2억 500만 년 전, 공룡이 출현해 번성하던 시기이다. 공룡, 익룡, 악어를 제외한 대부분의 파충류가 사라졌다. 대규모 화산 폭발을 원인으로 본다.

마지막이 중생대 백악기 말. 6600만 년 전으로 가장 최근이다. 이 사건으로 공룡이 멸종했다. 원인은 운석 충돌로 추정하고 있다.

진열대 맨 위 칸은 비어 있다. 거기에 인류세가 들어가게 될까. 만약 그렇게 된다면 멸종의 원인은 이전의 다섯 번의 대멸종과 같은 운석 충돌, 화산 폭발, 빙하기 도래 등이 아니라 한 생물종일 가능성이 크다. 호모사피엔스는 그렇게 새 지질시대에 자신의 이름을 자랑스럽게 새겨 넣을 자격을 획득했다.

닭들의 행성

고생대의 대표적 화석은 삼엽충, 중생대는 암모나이트다. 멀지 않은 미래에 우주의 외계인이 지구에 온다면 지금 시대의 어떤 화석을 발견할까?

현재로서는 '닭 뼈'가 유력한 후보다. 동 시간대에 77억 인구가 약 230억 마리의 닭과 함께 살아간다. 사람 한 명당 닭 세 마리꼴이다. 2008년에는 한국에서 조류독감으로 인해 약 1000만 마리의 식용 닭이 살처분돼 매립되기도 했다. 그럼 그 뼈들은 어떻게 될까? 썩거나 화석이 된다. 닭 뼈는 산소를 많이 함유하고 있어 보통은 잘 썩지만, 매립지 환경은 산소가 별로 없기 때문에 화석이 될 가능성이 크다. 닭 뼈는 지구 전역에서 화석화가 진행 중인데 수적으로 규모가 크고 지리적으로 전 세계에

골고루 분포돼 있어 인류세를 대표할 만한 화석으로 지목된다. 닭이 삼엽충, 암모나이트와 어깨를 나란히 하게 된 셈이다. 닭 입장에서는 황당할 일이다.

식용 닭의 야생 조상은 붉은들닭Red Jungle Fowl으로 학명은 갈루스 갈루스Gallus gallus다. 식용 닭의 학명은 갈루스 갈루스 도메스티쿠스Gallus gallus domesticus로, 붉은들닭의 학명에 '가축'이라는 뜻의 도메스티쿠스가 더해진 것이다. 고고학자들은 붉은들닭의 가축화가 약 8000년 전부터 진행되었다고 추정한다.

붉은들닭의 원 서식지는 동남아시아 열대우림 지역인데, 인류를 따라 각지로 퍼지며 사람들의 생활상에 맞게 적응했다.

식용 닭의 조상인 붉은들닭

인도에서는 기원전 2500년경의 가축화된 닭 뼈가 발견되었다. 기원전 1000년 무렵 페니키아인들이 이베리아반도에 가축 닭을 전파했고, 세월이 더 흘러 16세기에는 스페인 식민주의자들이 아메리카 대륙에 전파했다.

붉은들닭은 날개와 발톱이 식용 닭보다 훨씬 발달해 점프를 할 수 있고 짧은 거리는 날 수 있다. 붉은들닭의 기대수명은 30년이지만, 현재의 식용 닭의 경우 우리나라는 평균 35일 만에 도축하고 미국은 45일, 중국은 55일 정도에 도축해 대부분 두 달을 못 넘기는 실정이다.

거대한 가속이 시작되던 1950년대, 미국에서는 '내일의 닭' 프로젝트가 시행됐다. 닭을 사육하는 농장을 도와주는 프로젝트였는데 닭이 몸무게를 급격히 불릴 수 있도록 개량했다. 닭은 급격히 비대해지기 시작했다. 인구가 급증하고 식량 부족이 염려되던 시절, 닭의 체중이 증가한 것은 우연이 아니었다. 이제 식용 닭은 컴퓨터로 조절한 특정 기온, 습도하에서 부화하고 그렇게 태어난 닭은 온도 조절 장치가 가동되는 곳에서 자란다. 과학기술에 의존해 살아가는 존재가 된 것이다.

영국 레스터 대학교에서는 '치킨 프로젝트'라는 이름으로 지질학, 고고학, 인류학, 역사학, 생물학, 문화지리학, 생태학, 철학 등 다양한 분야의 전문가들이 모여 인류세의 관점에서 닭에 대해 전방위적 연구를 하고 있다. 캐리 베넷Carys Bennett은 10명

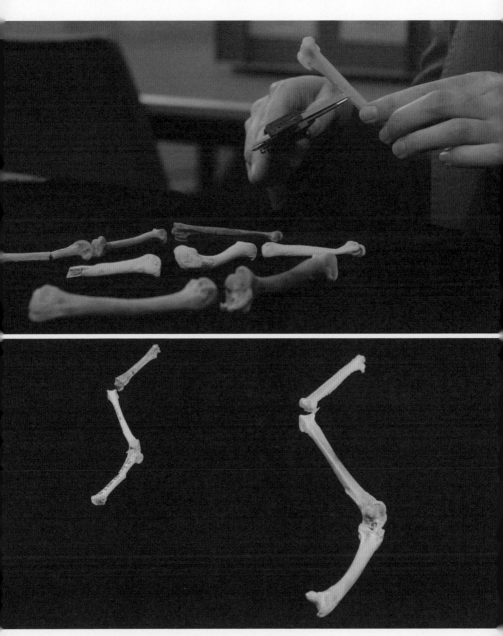

1950년대의 닭 뼈와 2010년대의 닭 뼈를 비교한 모습(아래)

정도의 동료와 함께 3년 동안 닭에 대해 연구했다. 지질학자가
치킨을 수년간 연구하자 주변에서는 그녀를 '치킨 우먼'이라고
부르기 시작했다.

"우리는 얼마나 더 이 새를 변형시킬 수 있을까요?"

인터뷰를 위해 만난 캐리 베넷 박사는 닭 뼈가 인류세의 지
표가 될 수 있다는 증거로 인간의 선별 개량을 지목한다. 먹기
위해 인위적으로 바꾸다 보니 지금의 닭 뼈는 로마시대, 중세
시대의 닭 뼈와 달리 다리와 가슴 부분만 비대해졌다. 자연적
으로 진화하지 않은 탓에 엄청난 몸무게가 그들의 뼈에 영향을
줘 골절과 뼈 왜곡의 증거가 발견된다.

또한 베넷 박사는 성장률을 언급한다. 2010년대의 닭이
1950년대에 비해 5배나 빠르게 성장한다는 것이다.

"이 새들은 정말 슈퍼 사이즈고 겨우 5~6주 됐을 때 도살당
하죠. 아직 청소년기일 때요. 크기가 커서 일찍 도축돼요."

일 년에 약 658억 마리의 닭이 도살된다. 드라마틱한 것은
숫자뿐이 아니다. 급속한 성장에 따른 형태의 변화, 뼈의 다공
성, 유전자의 변이 등 그들의 생명 작용은 인간에 의해 크게 바
뀌어 있었다. 조상인 붉은들닭과는 아주 뚜렷이 구분되는 특징
들. 식용 닭은 화석학적으로 완전히 독립적인 형태종이 되어버
렸다. 캐리 베넷 박사 연구진은 2018년 12월 과학저널『왕립
학회 오픈 사이언스』에 게재한 논문을 통해 "식용 닭은 인류가

생물권을 바꿔놓은 상징으로서 지표 화석이 될 만하다"고 결론 내렸다.

논문이 발표된 후 반응은 폭발적이었다. 인터뷰 요청이 쇄도했고, 실제로 그녀의 논문은 한국의 여러 매체에서 기사화되기도 했다. 연구자로서 연구가 주목받자 신이 나기도 했지만, 슬픈 감정은 어쩔 수 없었다.

"저와 동료 모두 이 새에게 벌어진 일에 정말 큰 충격을 받았어요. 그러면 의문이 생기죠. 이것이 지속될 수 있을까?"

치킨 프로젝트는 더 많은 자료를 수집하고 있다. 캐리 베넷 박사에 따르면 (포유류와 조류를 포함하는) 육상 동물 중 야생동물은 겨우 3퍼센트의 생물량biomass을 차지한다. 지구에 인간과 인간이 가축화한 동물인 개, 고양이, 닭, 돼지, 소가 넘쳐나는 데 반해 야생동물은 극히 적다. '97 대 3'의 인간 진영과 야생 진영의 대비. 닭은 그중 가장 개체수가 많다.

"정말로 우리는 닭들의 행성에 살고 있는 것일 수 있어요. 인간의 식욕 때문에 닭이 우리 지구를 탈취했어요."

프라이드치킨을 먹고 남긴 뼈가 이 시대를 대표하는 화석이 될 지경에 이르렀다는 사실은 예술가들의 상상력을 자극했다. 독일 베를린에 사는 레아와 리오, 두 디자이너는 기발한 착상을 했다.

'분홍색 뼈가 쌓이면 미래에 분홍색 지층이 생긴다.'

식용 닭의 뼈 색깔을 유전자 조직을 통해 분홍색으로 바꾸면 어떻게 될까? 인간의 지질학적 흔적을 상징적으로 색칠해 인류세를 명징하게 드러내 보이는 이른바 '핑크 치킨 프로젝트Pink Chicken Project'의 시작이었다. 아이디어를 머리 밖으로 꺼냈다. 실제 온라인 홈페이지를 통해 핑크색 달걀을 팔았다.● 이들의 프로젝트는 많은 이들의 흥미를 끌었고, 2018년 1월 이집트 샤름엘 셰이크에서 열린 유엔 생명다양성협약 당사국총회에 초대돼 본인들의 프로젝트를 전 세계에 알렸다.

스카이프 화상 인터뷰에서 그들은 말한다. 소나 돼지가 아니라 '닭'이어야만 했다고. 개체수가 압도적이기 때문이다. 230억 마리가 동 시간대를 살아간다. 사람 한 명당 닭 세 마리꼴. 레아와 리오의 유쾌한 상상에 웃을 수만은 없는 이유다. 핑크는 지구가 우리에게 보내는 경고색이다.

● 현재는 판매가 중단된 상태다.

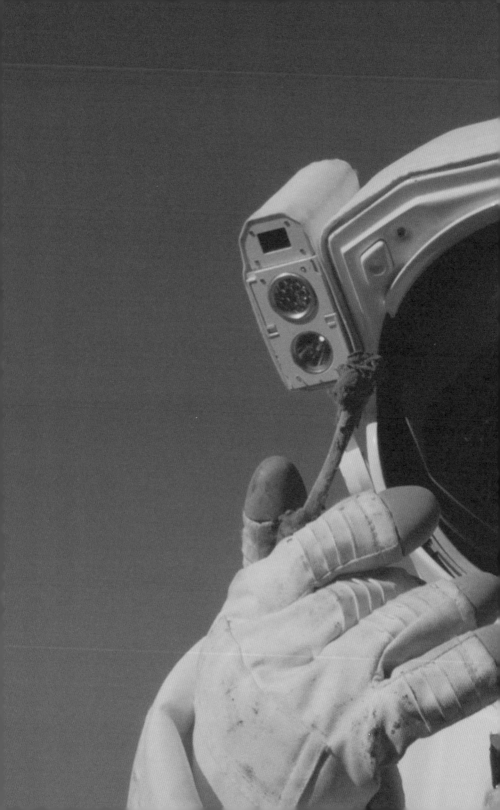

냉동방주

97 대 3. 닭을 필두로 한 인간 진영과 왠지 모르게 북극곰이 떠
오르는 야생 진영의 처참한 숫자 대비. 지구라는 공간을 놓고
골리앗과 다윗이 싸우는 격이다. 이 기울어진 운동장에서 3퍼
센트 남짓한 야생을 지키려는 움직임이 시작됐다.

　노르웨이 북부 스발바르 제도의 스피츠베르겐섬에는 2008년
지어진 국제종자저장고가 있다. 세계 각국에서 특수 제작 알루
미늄 파우치에 담아 보낸 씨앗이 이곳에 도착해 보관된다. 핵
전쟁이나 소행성 충돌, 강진에도 안전하도록 땅 아래로 이어지
는 120미터 길이의 터널 안에 강화 콘크리트로 벽체를 만들었
다. 설계 범위 밖의 비상 상황이 생겨도 천연 사암 암반층이 저
장물을 지켜주고, 냉장 설비가 고장나도 영구동토층에 위치해

저온 상태를 유지할 수 있다.

동물은 어떨까? 대홍수 때 모든 동물들이 쌍을 지어 찾았다는 성경 속 노아의 방주 같은 곳이 있다. 바로 동물의 유전자를 보관하는 냉동방주 프로젝트Frozen Ark Project다.

영국 노팅엄 대학교 생명과학부 건물은 밖에서 보면 수영장 서너 개 크기로 단출하다. 이중나선 모양의 표식이 새겨진 문을 열고 들어간 실험실에는 유럽의 흔한 달팽이인 세피아Cepaea 달팽이 세 마리가 플라스틱 수조에서 탈출 중이다. 촬영하려고 뚜껑을 열어두었더니 이내 수조 밖으로 몸을 넘기는 데 성공한다. 도시락통 크기의 플라스틱 벽체를 꿀렁꿀렁 내려와 탁자에 도착한 녀석들은 서로의 몸을 비빈다. 세 마리가 뒤엉켰는데 달팽이 껍데기 세 개가 다 문양이 다르다.

"신기하죠. 모양과 색이 다 다르다는 게. 파르툴라 달팽이는 훨씬 다양하고 예뻐요. 남편과 저도 한눈에 반했죠."

달팽이 껍데기로 만든 목걸이를 들고 오며 앤 클라크Ann Clarke 박사가 말한다. 그녀는 남편 브라이언 클라크Bryan Clarke 교수와 함께 냉동방주를 설립했다. 남편은 몇 년 전 세상을 떴다. 앤의 손에 들린 건 프랑스령 폴리네시아의 파르툴라Partula 달팽이 껍데기다. 원주민들은 이것을 엮어 의례용 목걸이로 만든다. 파르툴라는 화산섬의 식생에서 계곡에 고립돼 조류를 먹으며 사는 초식 달팽이다. 엄청나게 많은 종류로 종 분화가 이뤄지며 진화했다. 각기 다른 색깔과 크기의 껍데기를 가지게 됐는데 한 계곡에서도 20미터마다 껍데기 무늬가 달라질 정도로 다양하다. 눈에 띄는 껍데기 덕분에 폴리네시아 사람들은 목걸이를 만들어 섬에 방문하는 이들 목에 걸어준다. 목걸이 하나에 60개는 족히 되어 보이는 껍데기가 꿰져 있는데 다 다르게 생겼으니 신기할 따름이다. 줄무늬가 예쁘게 소용돌이치며 고뿔 모양을 이루는데 어떤 것은 크루아상, 어떤 것은 다크초콜릿, 또 어떤 것은 소라과자로 보인다.

영국에서 세피아 달팽이를 연구하던 브라이언 클라크 교수는 어느 날 도서관에서 파르툴라 달팽이의 도록을 보고 그 다채로움에 끌렸다. 그는 파르툴라 달팽이의 종 분화에 대해 연구하기로 마음먹고 아내 앤 클라크 박사와 함께 폴리네시아로 향했다. 하지만 그들이 현장에 도착해 계곡에서 마주한 것은 파르툴라 달팽이가 아니었다. 미국 플로리다가 원산지인 육식 달팽이 에우글란디나 로제아*Euglandina rosea* 종이 초식 토종 달팽이 파르툴라를 먹어치워 없앤 상태였다. 파르툴라 달팽이 대부분이 멸종된 뒤였다. 무슨 일이 있었던 걸까?

프랑스령 폴리네시아라는 지명에 비밀이 숨어 있다. 프랑스 사람들은 달팽이 요리를 즐긴다. 달팽이 요리의 인기가 폴리네시아 섬에도 퍼지자 1880년대 한 프랑스 세관원이 아프리카 원산인 식용 달팽이 아카티나 풀리카*Achatina fulica*를 들여왔다. 생각

파르툴라 달팽이 껍질을 그린 도록(출처: Crampton, Henry Edward (1932). *Studies on the Variation, Distribution, and Evolution of the Genus Partula. The Species Inhabiting Moorea*. Carnegie Institution of Washington, 410: 1–335)

외로 인기가 없었는데 번식력은 뛰어났다. 포식자가 없는 환경에서 급속도로 개체수가 늘어났다. 이 달팽이를 밟지 않고서는 섬을 돌아다니기 힘들 지경이었다. 작물 피해까지 늘자 이웃 섬 괌에서 1977년 미국의 육식 달팽이 에우글란디나 로제아를 들여왔다. 외래종 포식자를 들여와 개체수 조절 효과를 보겠다는 계획이었는데 정작 이 육식 달팽이는 식용 달팽이 대신 더 작은 크기의 파르툴라 달팽이를 선호했다. 예상 밖의 식성에 파르툴라 달팽이 50여 종이 지구에서 사라졌다.

1990년대에 폴리네시아에 도착한 브라이언과 앤 부부는 파르툴라 달팽이 중 근근이 생존하고 있던 파르툴라 모오레아나 몇 마리를 찾아내 점심 도시락통에 담아 영국으로 돌아와 런던 동물원에 맡겼다. 그리고 결심했다. 이 달팽이의 유전자를 보존하기로. 그런데 어느 날 달팽이의 유전자는 자신들이 채취했지만 다른 멸종위기 동물들은 누가 그런 일을 하고 있을지 궁금해졌다. 찾아보니 아무도 안 하고 있었다. 그래서 2004년 냉동방주를 설립했다.

앤을 따라 실험실 뒤쪽의 냉동방주로 들어가본다. 이곳 노팅엄 대학교에는 4개의 큰 냉동고가 있고, 카디프 대학교와 런던 자연사 박물관에서도 냉동고가 운영되고 있다. 영하 80도의 냉동고 문을 열고 표본 하나를 보여주는 앤. 파르툴라 달팽이의 혈액 표본이다. 잠깐 보여주더니 재빨리 도로 넣고 문을 닫는다.

실험실의 앤 클라크 박사와
노팅엄 대학교의 냉동방주

"온도가 떨어지면 안 돼요."

냉동방주가 멸종에 맞서는 현실적인 대안이 된 이유 중 하나는 보관의 용이성이다. 유전자 표본을 보관하고 있는 케이스라고 해봐야 새끼손가락 하나보다도 작다. 케이스는 더 작게도 만들 수 있기 때문에 큰 냉동고 하나만 해도 수십만 종의 유전자 표본을 담을 수 있다. 냉동고 4개가 모인 이 방 하나에 5000종 넘는 멸종위기종 표본이 수집되어 있다. 지구의 과거와 미래가 이 단출한 건물에 모여 있다.

달팽이에서 시작해 곧 멸종될 수 있는 심각한 종들로, 세계자연보전연맹IUCN 야생동물 적색 목록에 올라 있는 종들로 대상을 넓힌 냉동방주 프로젝트는 계속 범위를 확대하고 있다. 이제 그들은 모든 동물종의 유전 정보를 수집해 보관하는 것도 가능하다고 믿는다. 매우 큰일이지만 불가능하지는 않다. 이미 22개국이 참여 중이다.

그렇게 보관한 유전자 표본으로 무엇을 할 수 있을까? 설립자 앤은 대담하다.

"저희가 하나의 세포에서 그 동물에 대해 얼마나 많은 정보를 알아낼 수 있는지 알면 놀랄 거예요. 만약 정자와 난자를 구할 수 있고, 수정할 동물이 있다면 다시 살려낼 수 있어요."

그 말을 듣는 순간 크리스찬 프레이 감독의 환경 다큐멘터리 〈창세기 2.0〉이 떠올랐다. 북극해 연안의 뉴시베리안 제도에는 멸종된 매머드의 상아를 찾아다니는 사냥꾼들의 경쟁이 치열하다. 법적으로 거래가 금지된 코끼리 상아를 대신해 중국에서 상아 조각 공예품의 재료로 쓰이기 때문에 큰돈이 된다. 그런데 상아를 찾다 보니 놀라울 정도로 잘 보존되어 있는 매머드 사체도 발견된다. 러시아의 녹지 않는 영구동토층이 일종의 냉동고 역할을 하여 홀로세 이전 플라이스토세에 묻힌 매머드의 사체가 3만여 년 전 죽을 때의 모습 거의 그대로 남아 있는 것이다.

이 소식을 들은 유전학자가 표본 확보를 위해 러시아로 달려간다. 마침내 적당한 사체를 발견하는데, 심지어 표본 채취 과정에서 매머드의 붉은 피가 흐르기도 한다. 이 정도로 신선한 혈액 표본이라면 매머드 복원도 가능하지 않을까? 기대감이 커진 러시아 학자가 표본을 들고 한국의 황우석 박사 등 동물 복제 분야에서 유명한 합성생물학자들을 찾아다니며 멸종한 매머드를 되살리려고 애쓴다. 아직까진 그 시도가 성공하지 못했지만 그들은 계속 노력하고 있다.

동물 복제까지 가지 않더라도 유전학의 도움을 실제적으로 멸종 동물 복원에 쓸 수 있는 방법은 또 있다. 바로 인공 수정인데 실제로 현장에서 시도되고 있다. 2018년 3월, 아프리카 케냐에서 북부흰코뿔소 '수단'이 숨을 거뒀다. 지구상 마지막 남은 수컷이 세상을 떠 사실상 멸종한 것이다. 이제 남은 건 수단의 딸과 손녀인 암컷 두 마리뿐. 수단이 죽기 전까지 멸종을 막기 위해 인간의 부단한 노력이 이어졌다. 자연 번식을 유도했지만 실패해 남은 방법은 인공수정밖에 없었다. 연구진은 수단이 죽기 전 정자를 확보해 얼려놓았다. 생존한 암컷에게서 난자 10개를 채취해 인공 수정을 시도했다. 일 년 반의 시간이 지나 2019년 9월, 세계 각국의 전문가가 모인 국제 연구진은 기자회견에서 2개의 수정란을 배아로 만드는 데 성공했다고 발표했다. 이제 남은 건 북부흰코뿔소의 친척뻘인 남부흰코뿔소 대리모에게 이 배아를 이식해 새끼를 낳게 하는 것이다. 연구진은 최소 5마리의 북부흰코뿔소를 탄생시켜 야생으로 돌려보내는 것이 목표라고 밝혔다. 냉동방주 설립자 앤의 구상과 일맥상통한다.

카디프 대학교 생명과학과의 마이크 브루포드Mike Bruford 교수는 그 문제에 있어 신중하다. 현재 냉동방주의 총 책임자를 맡고 있는 그는 냉동방주가 생명 윤리와 관련된 논란에 휘말리는 것을 경계하는 눈치다. 유전자 표본을 모아서 보관하는 것까지가 냉동방주의 일이라고 선을 긋는다. 그렇게 보존된 표본으로 무엇을 할지는 다음 차원의 문제로, 과학계와 사회가 합의할 사항이라는 것이다.

"냉동방주 프로젝트에 있어서 가장 중요한 것 중 하나는 윤리적으로 완전히 독립되어야 한다는 점이에요. 저희는 전 세계적으로 멸종 문제를 해결하려는 많은 노력 중 작은 부분일 뿐이에요."

브루포드 교수는 총 책임자로 부임한 후 유전자 표본을 냉동하고 보존하는 표준 지침의 수준을 높여, 보다 양질의 표본을 확보하기 위해 애쓰고 있다.

"유전학에서 응용하려면 유전자 표본이 매우 잘 보존되어 있어야 합니다. 저희는 가능한 모든 방식으로 표본을 보관하려고 해요. 예전에는 상온 상태의 에탄올에 표본을 보관하기도 했지만 이제는 그렇게 안 해요. 품질이 떨어져 유의미한 보관 상태가 아니거든요. 대부분은 영하 80도의 냉동고에 보관하거나 영하 196도의 액체질소에 보관해요. 영하 80도면 충분히 낮지만 액체질소가 장기간 보관하는 데는 더 좋아요. 한 냉동고 말고 다른 곳에도 여분의 표본을 최소한 하나 이상은 만들어 보관하고 있죠."

때마침 수달 한 마리가 카디프 대학교 생명과학과 건물에 들어온다. 차에 치여 죽은 사체. 영국인들은 죽은 수달을 발견하면 카디프 대학교로 보낸다. 이날은 카디프 시민이 로드킬 당한 수달을 발견하고 직접 들고 왔다. 죽은 지 얼마 안 된 수달을 부검하는 연구원. 수술용 칼로 여기저기를 도려내며 신체에 외상이 없는지 꼼꼼히 확인한다. 살아 있었을 때 질병이나 감염은 없었는지도 살핀다. 장기를 하나하나 분리해 무게를 재고

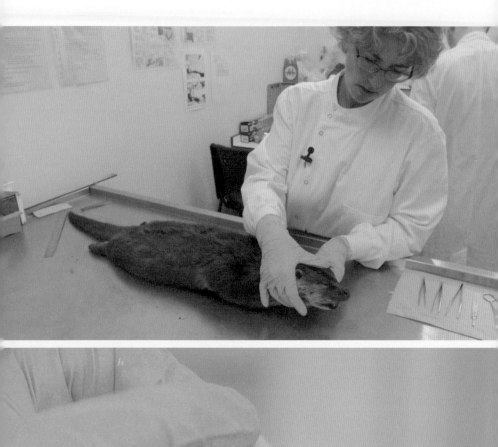
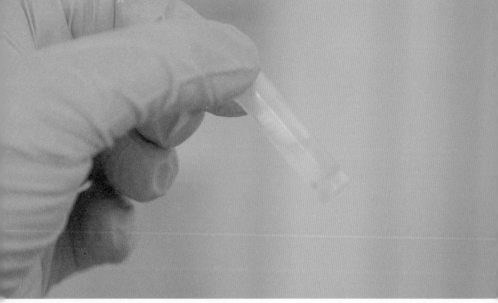

기록한다. 그러더니 떼어낸 조직 절편을 용기에 넣어 건물 지하의 저장고로 들고 간다. 철문을 여니 액체질소 냉동고가 여러 통 보인다. 전면에 냉동방주의 표식인 이중나선 문양이 붙어 있다.

"조심하세요. 질소를 마시면 몸에 안 좋아요."

연구원이 마스크를 쓰고 두꺼운 장갑을 끼더니 액체질소 통의 마개를 연다. 호스에서 연기구름이 뿜어져 나온다. 냉동고

액체질소 냉동고에 유전자 표본을 보관하는 모습

의 문을 열고 새로 가져온 수달의 유전자 표본을 넣은 뒤 액체질소를 주입한다. 그리고 마개를 닫은 뒤 냉동고의 뚜껑을 닫아 봉한다. 냉동방주에 수달의 유전자 표본이 하나 더 추가됐다. 이곳에는 전 세계에서 수집한 표본들이 있다. 남아프리카 설치류의 조직 표본이 웨일스의 물고기 표본 바로 옆에 보관돼 있다. 어떤 표본이고 어디서 온 것인지 구별하기 위해 바코드를 붙여놓았다.

어떤 동물은 이렇게 증여받은 사체에서 표본을 채취하기도 하고 어떤 종은 우편으로 받은 표본을 보관하기도 한다. 그리고 현장의 냉동방주 프로젝트 팀이 직접 야생동물로부터 유전자 표본을 수집해 신선동결하기도 한다. 그 장소 중 하나가 말레이시아 사바주州의 키나바탕안강이다.

키나바탕안강

보르네오는 세계에서 세 번째로 큰 섬이다. 말레이시아, 인도네시아, 브루나이 3개국이 위치해 있는데 인도네시아에서는 칼리만탄이라고 부른다. 다나우 기랑 필드센터DGFC는 이 섬의 동북부에 위치한다. 말레이시아 코타키나발루에서 국내선으로 환승해 사바주의 산다칸 공항에 내린 뒤 차로 갈아타고 두 시간을 들어가야 키나바탕안강에 도착한다.

한 시간 넘게 달리는데 도로 양쪽 구간이 죄다 팜유Palm oil 농장이다. 팜유는 기름야자라는 야자나무의 열매를 짜서 나온 식물성 기름을 말한다. 올리브유 등 다른 기름에 비해 값이 싸서 널리 이용된다. 과자, 라면 등을 튀길 때 쓰고 샴푸, 세제 제조 시 천연 계면활성제로 넣는다. 돈이 되는 이 작물이 보르네오

섬의 풍경을 바꿨다. 1919년 즈음 대농장이 생기기 시작하더니 이후 숲이 사라지는 족족 팜유 농장이 들어섰다. 현재 말레이시아와 인도네시아가 세계 팜유 생산량의 85퍼센트를 담당하고 있다.

"끔찍한 풍경이죠."

동행한 베누아 구센Benoît Goossens 박사가 고개를 저으며 말한다. 창밖에는 농부들이 나무를 베는 풍경과 묘목을 심는 장면이 교차한다. 기름야자는 20~25년이 생산 주기라 늦어도 25년마

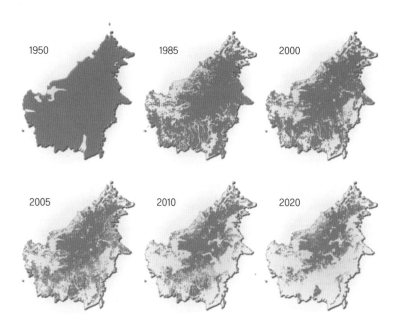

급격히 줄어드는 보르네오섬의 숲(출처: https://grida.no/resources/8324)

키나바탕안강으로 향하는 도로 주변의 팜유 농장(위)과 코주부원숭이(아래)

다 베고 새로 심는다.

"달 같아요. 베고, 심고, 베고, 심고. 계속 반복되죠. 달이 기울고 차는 것처럼요."

그는 17년 전부터 이곳을 지켜봤다. 코타키나발루와 키나바탕안강을 매달 한두 번씩 오가며 달라지는 창밖 풍경을 목도했다. 문제는 팜유 농장이 계속 확대된다는 것이다. 열대우림이 사라지면 숲의 생명다양성은 파괴된다. 정글에 살던 야생동물은 갈 곳을 잃는다. 구센 박사는 그것을 연구하기 위해 키나바탕안강의 남쪽 지대에 카디프 대학교의 현장 연구센터를 세우는 데 앞장섰다. 우리는 그곳, 다나우 기랑 필드센터로 향하고 있다. 'Palm Oil'이라는 글자를 새겨넣은 기름 탱크 차량 두 대가 우리 차의 앞뒤에서 계속 달린다.

강에 도착해 선착장에서 보트를 탄다. 강줄기를 따라 한 시간을 더 내려가야 다나우 기랑 필드센터다. 중간도 안 가서 비가 쏟아진다. 숲속의 동물은 나무 밑에서 비를 피할 텐데 강 위의 사람은 비를 피할 길이 없다. 젖으면 안 되는 촬영 장비만 방수포로 덮고 나머지 짐과 함께 배 위에서 그냥 비를 맞는다. 갑자기 비가 왔듯 갑자기 그친다. 열대의 우기는 변덕스럽다. 이내 해가 나고 보트가 멈춘다.

"저기 있다!"

구센 박사가 가리킨 곳엔 코주부원숭이 가족이 나무에 듬성

듬성 앉아 있다. 멸종위기종인데 키나바탕안강에 2000마리 정도가 산다. 코가 커서 코주부원숭이인데 말레이시아에서는 더치맨(네덜란드인)이라는 별명으로도 불린다. 이곳이 네덜란드의 식민 지배를 받을 때 말레이시아 사람들이 백인들의 큰 코를 본 후 지었다고 한다. 코주부원숭이는 코만 큰 게 아니다. 배가 불룩 나와 있는데 이는 소화 시스템과 연관돼 있다. 코주부원숭이는 초식 동물로서 주로 잎을 먹으며, 종일 먹은 잎을 소화시키기 위해 길다란 위장을 가지고 있다. 주행성이라 낮 대부분의 시간을 잎이 많은 나무를 찾아 이동하며 먹이 활동을 하고 밤이 되면 강둑으로 돌아와 잠을 잔다. 가장 몸집이 큰 녀석이 우두머리 수컷이다. 자신을 관찰하는 우리를 보고 자세를 고쳐 앉더니 성난 표정을 지으며 소리를 낸다. 정글에 들어온 것을 반겨주는 환영 인사라고나 할까.

격한 환영을 받고 난 후 다나우 기랑 필드센터에 도착했다. 숙소에 짐을 풀고 나무침대 위에 누우니 풀벌레 소리가 시끌벅적하다. 고주파 세레나데를 듣고 있자니 잠이 밀려온다.

아침이 밝자 악어 연구원 사이 커리샤 킨타야Sai Kerisha Kntayya 와 함께 강으로 나선다. 이 현장 연구소에는 2명의 박사, 4명의 박사과정 연구원, 4명의 학부생과 현지인 스태프가 상주한다. 박사과정 연구원인 커리샤는 인도악어의 유전자 표본을 모으고 있다. 그들이 어떻게 사는지 알려면 성체 20마리의 표본을 모아야 하는데 현재까지 5마리의 표본을 모았다. 악어 개체수가 많이 줄어 표본을 모으는 게 쉽지 않다. 인도악어는 사바주의 멸종위기종 목록에 올라 있는 종이다.

"저는 이곳 키나바탕안강과 다른 강에서 악어를 연구하는데 악어 보기가 어려워졌어요. 어떤 강은 유역 전체에서 10마리 볼까 말까 할 정도예요."

보트에는 대형 트랩이 실려 있다. 사람 한 명은 족히 들어갈 만한 크기. 커리샤는 악어를 유인해 생포한 후 간단한 검사와 표본 채취를 마치면 풀어주는 방식으로 연구한다.

"저기가 적당하겠어요. 악어가 좋아할 만한 곳이에요."

위장된 악어 트랩

강기슭에 배를 대고 트랩을 내린다. 악어가 안으로 들어가 미끼를 물면 입구가 닫히게 설계됐다. 미끼 냄새가 지독하다. 사흘 넘게 썩힌 닭 내장이다. 닭 좋아하는 건 사람이나 악어나 매한가지다. 악어가 의심하지 않게 트랩을 나뭇가지로 잘 위장한 뒤 철수한다.

다음 날, 다시 찾은 트랩의 입구가 닫혀 있다. 힘센 악어를 상대로 조사하려면 사람이 더 필요하다. 배를 돌려 연구소에서 대기하고 있던 연구원들을 데려온다. 정글이라 휴대폰이 안 터져 직접 불러오는 데 한 시간 넘게 소요된다. 악어가 스트레스를 받지 않게 빨리 표본을 채취하고 풀어줘야 하는 상황. 트랩을 모래톱으로 옮기고 악어의 입을 밧줄로 묶는데 흥분한 녀석이 요동치자 대형 트랩이 흔들린다. 진정시키고 트랩 밖으로 꺼내 눈을 가린다. 신체검사를 하고 비늘 하나를 잘라 표본 통에 넣는다. 표본은 냉동방주에 보관될 것이다. 악어 크기가 작은 편이라 GPS 추적기는 달지 않은 상태로 다시 야생으로 돌려보낸다. 눈가리개를 풀자마자 1미터 80센티미터 길이의 악어가 물속으로 텀벙텀벙 뛰어든다.

커리샤는 트랩을 다시 보트에 싣고 꽤 먼 거리를 이동해 다음 설치 장소를 찾아 내려놓는다. 이후 일주일을 기다렸지만 악어는 트랩에 들어오지 않았다.

비단뱀

냉동방주 프로젝트는 왜 동물원에서 표본을 구하지 않고 어렵게 야생에서 표본을 구하는 걸까? 개별 동물의 유전자는 그들이 지역 환경에서 어떻게 진화했는지를 반영해 분화된다. 따라서 동물원에서만 표본을 채취한다면 다양성이 한정적이다. 한 종의 유전체 전체를 수집하는 것이 아니라 진화적, 유전적 다양성의 일부만을 보관하는 셈이다. 그래서 다양한 지역의 표본을 구하는 것이 중요하다.

비단뱀 연구원 리처드 버거Richard Burger는 밤에 표본을 찾아 나선다. 비단뱀은 세계적으로 수요가 많아 모든 뱀 중에서 불법 거래가 가장 성행하는 종이다. 가죽 때문에 밀렵당하고 중국에서 한약재로 쓰이기 위해 잡힌다. 인간과의 갈등도 많아서 인간의 영토에서 많은 수가 죽임을 당하고 있다. 버거는 여태까지 93마리의 표본을 구했는데 아직 냉동방주에 얼려놓은 표본이 없다. 이번에 잡는 비단뱀에게서 얻는 신선한 표본을 냉동방주에 보낼 요량이다.

새벽 두 시. 배에 실린 건 탐사용 랜턴과 꼬챙이 막대 하나, 그리고 포대가 전부다. 강을 따라 내려가며 랜턴으로 여기저기를 비춘다. 버거는 뱀을 찾아 나선 지 이제 3년째다.

"그 녀석들은 몸통에 광채가 있어요. 덤불에 숨어 있는 막대기와 아주 비슷하게 생겼죠. 랜턴 빛을 받으면 가죽이 살짝 빛나요. 젖은 막대기가 순간 눈에 띄죠."

버거뿐 아니라 배에 탑승한 다른 스태프들도 자신들의 랜턴으로 비단뱀을 찾는다. 랜턴 불빛 세 개가 부지런히 강기슭을 훑는다. 모르는 사람이 보면 밀렵꾼으로 오해하기 딱 좋은 광경. 순간 버거가 외친다.

"저기, 저거 뭐지? 배 좀 멈춰 봐요."

모터를 ㄸ자 조용해지면서 랜턴 불빛에 더 집중하게 된다. 몇 초 응시하던 버거가 실망한다.

"플라스틱 비닐이네요. 불빛을 받으면 반짝거려서 헷갈려요. 최근에 저런 게 너무 늘어 화가 납니다. 보르네오 정글 한가운데 플라스틱 비닐이 웬 말입니까. 많아도 너무 많아요."

인류세 현장을 돌아다니며 지질학적, 생물학적 흔적을 쫓는

데 불청객처럼 자꾸 플라스틱이 나타난다. 수천 년 된 동굴 깊숙한 곳이든 아시아 밀림 깊은 곳의 강이든 플라스틱은 존재한다. 인류세의 가장 강력한 증거는 플라스틱인 것일까. 그런 생각을 하는 찰나, 버거가 소리친다.

"저기 한 마리 있네! 큰 녀석이다. 좀 도와줘요. 필요하면 이 꼬챙이를 넘길 테니 받아줘요."

그는 말이 끝나기 무섭게 맨발로 진흙 위로 뛰어내려 성큼성큼 덤불에 접근한다. 모두가 숨죽인 순간, 버거의 맨손이 젖은 막대기의 끝을 낚아챈다.

"됐다! 잡았어. 딱 좋은 크기야."

말을 하는 버거의 팔뚝을 비단뱀이 휘감는다. 한눈에 봐도 엄청난 크기. 힘이 장사다. 도와주러 간 스태프와 함께 두 장정이 비단뱀을 들고 보트로 돌아온다. 포대를 벌리고 뱀을 집어넣을 때 보니 족히 4미터는 돼 보인다. 연구소로 복귀해 들고 가는데 얼마나 무거운지 버거가 끙끙댄다.

다음 날, 실험실에서 다섯 명의 연구원이 비단뱀을 포대 밖으로 꺼내 몸통을 일렬로 펼치고 진정시킨다. 혀를 날름거리는 비단뱀. 길이는 4미터, 몸무게는 7킬로그램이다. 주사기를 꽂아 혈액 표본을 채취하고 비늘을 손톱만 한 크기로 잘라 조직 표본을 얻었다. 그날 밤 다시 배로 한 시간 넘게 강 하구로 내려가 녀석을 포획했던 곳에 풀어준다.

악어연구원 커리샤가 인도악어 표본과 비단뱀 표본을 가지고 코타키나발루의 야생동물 연구소Wildlife Health, Genetic and Forensic Laboratory로 가서 냉동방주의 영하 80도 냉동고에 보관한다. 여기에는 수천 개의 표본이 들어 있는데, 멸종위기종 코주부원숭이, 오랑우탄, 코끼리를 포함해 박쥐, 설치류 등의 유전자 표본도 포함돼 있다. 이 중 가장 심각한 멸종위기를 겪고 있는 것은 천산갑이다. 중국과 베트남 등지에서 자양강장 효과가 있다는 근거 없는 소문이 퍼지자 한약재와 고급 식재료로 불법 거래가 늘며 개체수가 급속도로 줄었다. 세계자연보전연맹에 따르면 2004년 이후 100만 마리 이상의 천산갑이 죽었다. 2017년 1월 국제적으로 천산갑의 거래가 금지됐지만 불법 거래 적발은 계속 되고 있다. 2019년에도 50톤의 불법 거래 물품이 압류됐다. 여섯 번째 대멸종이 이뤄지고 있는 이유는 다양한데, 그중 하나가 기호 식품으로 선호돼서다. 인간의 식욕은 닭에서 멈추지 않는다.

코타키나발루 냉동방주에 있는 표본들은 영국에 위치한 냉동방주 본부로 보내지 않고 이곳에서 보관한다. 5년 전만 해도 현장에서 구한 표본을 영국으로 가져갔는데 몇 년 전부터 상황이 달라졌다. 유전자원의 접근과 공유에 대한 국제 협약인 나고야 의정서가 2014년 발효됐기 때문이다. 나고야 의정서는 대형 의약 기업이 개발도상국에 들어가 유전자원을 가져간 뒤 약을 개발해 큰 수익을 벌어들이면서 그 자원을 가지고 있던 나라에 아무런 대가도 지불하지 않는 것을 막기 위해 만들어졌는데, 의도치 않게 다른 목적의 유전자원 이동도 막아버렸다.

2015년부터 나고야 의정서의 후속 조치가 시행되면서 냉동 방주 프로젝트는 기존 방식을 유지하기 힘들어졌다. 개별 국가별 절차가 까다롭고 천차만별이라 표본을 한곳으로 모아 관리하는 데 어려움이 따랐다. 대신 네트워크를 활용하는 방식을 도입했다. 각 나라 현지의 유전자 은행과 협약을 맺어 냉동 방주의 방식대로 유전자 표본을 보관하고 함께 관리하는 시스템이다. 기존보다 더 엄격한 표준 지침으로 유전정보를 보존해 냉동방주로서의 기능을 유지한다는 계획이다.

말레이시아 코타키나발루의 냉동방주

오랑우탄

인간 세계는 정치적·경제적 이유로 제도와 법규를 만들어낸다. 사회에 속한 인간은 그것을 이해하고 변화에 발맞추며 살아간다. 인간의 이익을 위한 규칙이 인간 외의 존재들에게는 불이익을 넘어 생존을 위협하는 요소로 작용하고 있다. 결정이 내려지는 대부분의 경우에 동물의 권리는 고려 대상 밖이기 때문이다.

인간과 가장 가까운 존재는 유인원이다. 유인원은 인간을 제외하면 다섯 종이 있는데 침팬지, 보노보, 고릴라, 기번(긴팔원숭이라고도 불린다) 그리고 오랑우탄이다. 동남아시아에 서식하는 유인원인 오랑우탄은 100년 전 23만여 마리에서 현재는 11만여 마리로 줄었다. 그중 보르네오오랑우탄은 심각한 멸종위기종으로 사바주의 키나바탕안강에는 2002년에 1100여 마리가 살다가 지금은 700마리 정도로 줄었다. 팜유 농장이 늘고 벌목 등의 이유로 숲이 황폐화되면서 오랑우탄들은 인간의 압박을 이겨내지 못하고 죽거나, 조각난 숲에서 살아가야만 한다.

다나우 기랑 필드센터의 책임자인 베누아 구센 박사는 오랑우탄의 집단 유전학을 연구하고 있다. 파편화된 숲의 환경이 야생 오랑우탄에게 어떻게 영향을 미치는지 관찰하며 데이터를 모으고 있다.

다나우 기랑 필드센터는 사바주에서 가장 긴 강인 키나바탕안강 한쪽 구석에 숨어 있다. 숲 한가운데 위치한 탓에 오랑우탄이 연구소 건물 주변에 나타날 때가 꽤 있다. 그 사실을 알고 오랑우탄을 기다린 지 이주일이 되던 날, 암컷 청소년 오랑우

다나우 기랑 필드센터

탄이 연구동 근처에 출몰했다.

표본 수집에 나선 구센 박사와 함께 오랑우탄을 쫓아갔다. 그는 오랑우탄의 배설물과 털 등의 표본을 체계적으로 자료화한다. 배설물에는 성별, 임신 여부, 먹이 종류, 소화 상태 등의 정보가 풍부히 담겨 있다. 그 표본을 분석해 개별 개체들이 환경 변화에 어떻게 반응하는지 살핀다. 무리 분열에 대해서 어떻게 대처하는지, 세력 저하에는 어떻게 반응하는지, 퇴화한 이 숲에서 어떻게 삶을 이어나가는지, 어떤 씨앗 분산 전략을 사용하는지, 어떻게 짝짓기 시스템을 유지하는지 등을 분석한다.

제작진을 의식한 오랑우탄이 잠시 우리를 응시하더니 익숙하다는 듯 이내 다시 나무 열매를 먹는다. 오랑우탄은 어미와 새끼를 제외하고는 대개 무리생활을 하지 않고 독립적으로 움직인다. 툭, 툭. 나무 위의 오랑우탄이 과육만 먹고 뱉어낸 씨앗이 땅에 떨어지는 소리다. 배가 어느 정도 차야 배변활동을 한다. 그때까지 녀석의 신경을 거스르지 않으며 따라다녀야 한다. 한참을 먹더니 이동하는 오랑우탄. 제 몸무게를 나뭇가지 한쪽 끝에 실어 다른 나무에 가지가 기울게 한 뒤 옮겨 탄다.

오랑우탄은 수관부Canopy라 불리는 나무 꼭대기나 위쪽에 머무는 것을 선호한다. 나무 밑의 포식자를 피하기 위해서다. 열대 과일이 높은 곳에 주로 열리기 때문에 움직임을 최소화하며 효율적으로 동선을 짜기도 좋다. 그런데 이 오랑우탄은 나무

밑쪽으로 자꾸 내려와 우리 눈높이에서 머무는 시간이 많다. 이전에 다른 숲에서 오랑우탄을 촬영한 적이 있었는데, 이곳의 오랑우탄이 더 낮은 위치에 머무니 촬영하기 수월하다. 높이 올려다볼 필요가 없으니 목이 아플 일도 없다. 구센 박사가 그 점을 지적한다.

"지금 보시는 게 저들이 이 숲에서 이동할 때 겪는 문제를 잘 보여주는 사례예요. 저 뒤를 보면 나무들이 너무 멀리 떨어져 있죠. 저 오랑우탄은 나무 아래로 내려와야만 다른 나무로 이동할 수 있어요. 건너편에도 아무것도 없어서 나무에서 나무로 이동할 수 없죠. 벌목으로 생긴 문제예요."

그 말이 끝난 지 일 분쯤 지났을까. 갑자기 오랑우탄이 더 아래쪽으로 내려온다. 그러더니 두 발을 땅에 내려놓고 몸을 숙여 엉금엉금 기어서 10여 미터를 이동해 덤불 속으로 사라진다.

구센 박사의 예언이 적중한 것이다. 사실 알고 보면 동선상 그 방법 외에는 이동할 방법이 없다. 이 숲은 이차림이다. 본래의 나무와 식생이 잘 보존된 원시림에 비해 한 번 파괴된 후 복원되어 생기는 이차림은 식생이 단순하고 생물다양성이 떨어진다. 여기는 나무가 꽉 차 있어야 할 곳에 덩굴 식물이 많다. 정글은 나무가 빽빽이 차 있어 태양이 흙에 닿지 못해 덩굴이 자라기 좋지 않은데 이곳은 이차림이라 높은 나무가 부족하고 덩굴이 무성하다. 잠시 뒤, 오랑우탄의 팔 하나가 덩굴 반대

이동할 나무가 없어 땅으로 내려온 오랑우탄

편에서 불쑥 솟더니 나무 몸통을 붙잡고 성큼성큼 위로 올라온다. 힘겹게 이동에 성공한 오랑우탄. 이차림에서는 가장 기본적인 활동인 이동조차 쉽게 허락되지 않는다.

"인류세를 잘 보여주는 장면이네요. 파편화된 이 숲의 현실이죠. 벌목이 너무 심하게 이뤄졌거든요."

오랑우탄에는 세 종이 있는데 수마트라오랑우탄과 타파눌리오랑우탄은 호랑이가 있는 수마트라섬에 서식한다. 그래서 그들은 포식자를 의식해 절대 땅에 내려오지 않는다. 호랑이가 근처에 없어도 포식자가 숨어 있을 수 있기 때문에 나무 위에서만 이동한다. 보르네오섬에는 호랑이가 없기 때문에 보르네오오랑우탄은 이따금 땅에 내려오는 경우가 있다. 한데 오늘처럼 숲에서 단 몇 시간을 따라다녔는데 이렇게 쉽게 야생 오랑우탄이 땅으로 이동하는 걸 보는 건 어려운 일이다. 우리가 정말 운이 좋거나, 이 숲이 정말 최악이거나 둘 중 하나다.

파괴된 정글에서 살아남는 것은 대형 동물일수록 힘겹다. 대형 유인원인 오랑우탄뿐 아니라 대형 조류인 코뿔새도 마찬가지다. 코뿔새는 짝짓기가 끝나면 암컷이 나무 몸통의 빈 구멍을 찾아서 들어간 후 둥지를 만들고 알을 낳아 키운다. 몸집이 커서 둥지를 지으려면 큰 나무가 필요하다. 그런데 이 숲에는 그럴 만한 나무가 없다. 구센 박사는 연구팀과 함께 인공둥지를 설치했다. 키 큰 나무의 30미터 높이에 설치된 인공둥지는 이 숲에서 대형 코뿔새의 멸종을 막을 유일한 방법이다. 또 하나의 방주인 셈이다.

"쌌네요! 아주 신선한 표본이에요. 쇠똥구리가 몰려들기 전에 어서 가져와야 해요."

흥분한 목소리의 구센 박사. 마침내 오랑우탄이 배변활동을 하자 가방에서 핀셋과 용기를 꺼내서 배설물을 수거한다. 목적을 이뤘으니 다시 연구소로 돌아갈 시간. 우리가 떠나는 걸 알아챈 오랑우탄이 슬며시 내 눈을 응시하더니 이내 다시 열매 하나를 집어 우물우물 삼킨다. '숲의 인간'이라는 뜻의 오랑우탄은 그렇게 숲이 사라진, 여섯 번째 대멸종의 시대를 살아간다.

코뿔새의 인공둥지

붕인섬

2

바다거북

다닥다닥 붙은 집들이 죽 늘어선 붕인의 골목길로 안드레가 친구들과 뛰고 있다. 네 친구가 헐레벌떡 뛰어가더니 배 두 대에 나눠 탄다. 재빨리 배의 모터 시동을 걸고 앞서거니 뒤서거니 하며 경주를 벌인다. 목적지에 도달한 소년들은 바닷속으로 풍덩 뛰어든다.

이들이 잡는 건 만다린피시. 형형색색의 관상어다. 30센티미터 정도 길이의 나무 살 끝에 뾰족한 침을 달아 고무줄의 탄력을 이용해 발사한다. 아주 작은 바늘 침이 몸에 잠깐 박히기 때문에 관상어는 별 상처 없이 산 채로 붙잡힌다.

적당한 표적을 고르기가 힘들어서 그렇지, 붕인 제일의 작살 사냥꾼의 아들답게 안드레가 쏘는 족족 명중이다. 삼십 분 만에

열 마리를 잡았다. 관상어가 가득한 비닐봉지를 동네 아저씨에게 갖다 팔면 성체 한 마리당 2000루피아, 우리 돈 160원 정도를 받는다. 이렇게 팔린 관상어는 전 세계 수족관으로 향한다.

숨이 짧은 소년들은 배 위로 자주 올라온다. 드넓은 바다에는 안드레와 친구들의 배와 제작진의 촬영용 배만이 떠 있다. 그런데 해수면 저 멀리서 뭔가가 다가온다.

"꾸라꾸라!"

안드레가 소리친다. 꾸라꾸라는 인도네시아어로 거북이다. 바다거북 한 마리가 헤엄치고 있다. 잘 오다가 이내 다리 움직임을 멈춘다. 왜 저럴까 싶어 배를 몰아 다가가 보니, 죽은 개체다.

물살이 세서 등딱지 양쪽으로 축 늘어진 다리가 움직인 것이 멀리서 볼 땐 헤엄치는 것 같았는데, 자세히 보니 아무런 동작이 없다. 바다에서 건져 우리 배 갑판에 올려본다. 원체 커서 혼자 올리기가 힘들어 성인 두 명이 함께 들어올려야 한다. 악취가 코를 찌른다. 이미 머리가 퉁퉁 불은 상태다.

"머리가 벗겨진 것을 보니 피부를 벗겼네요. 그래서 죽은 거예요."

우리 배를 모는 동네 청년 수킴이 덤덤하게 사인을 밝혀낸다. 바다거북 피부가 지갑이나 공예품의 재료로 인기가 많아 일부 몰지각한 사람들이 바다거북을 잡아 죽이는 경우가 왕왕 있다고 한다. 원하는 것을 얻고 나면 불법 행위를 숨기기 위해 사체는 다시 바다로 던져버린다. 이 녀석은 죽은 지 며칠 만에 우리에게 발견된 걸까? 바다거북은 현생 인류가 지구상에 나타나기 훨씬 전인 1억 5000만 년 전부터 이미 바다를 누비고 다녔다. 족히 100년은 산다는 장수의 상징이 이제는 멸종위기종이 되어 바다 위를 떠다닌다.

3장
플라스틱스피어

불사의 존재

텅—

차가운 공기가 맴도는 부검실에 둔탁한 소리가 울려 퍼진다. 바다거북 머리가 차가운 테이블 바닥에 부딪히며 내는 소리.

바다에는 인간 사냥꾼 말고도 바다거북을 위협하는 것들이 많다. 붕인섬이 있는 인도양뿐만 아니라 대한민국 앞바다에서도 바다거북은 죽은 채 해변으로 떠밀려온다. 오늘은 동해, 서해, 남해에서 수거한 5마리의 사체를 부검하는 날이다.

충남 서천 국립생태원의 지하에 임시로 마련된 부검실에 가려고 일층에서 계단으로 내려가는 순간 썩은내가 코끝을 찌른다. 스무 명 남짓한 사람들이 분주하게 움직인다. 국립해양생물자원관, 국립생태원, 국립수산과학원 고래연구소, 세계자연기금World Wide Fund for Nature 한국 지부 관계자들이 바다거북의 죽음을 조사하기 위해 모였다.

건장한 성인 남자 넷이 냉동고에서 바다거북 한 마리를 꺼내와 해부용 테이블 위에 올려놓는다. 사람 허리 높이의 테이블에 살며시 내려놓기에는 72킬로그램의 무게가 만만치 않다. A4 종이 한 장에 신상 정보가 적혀 있다. 붉은바다거북 수컷. 전체 길이 1미터 30센티미터. 2018년 6월 21일 충청남도 태안군에서 발견.

수술용 라텍스 장갑을 낀 손이 칼로 배껍질을 들어낸다. 내장을 꺼내 김장할 때 주로 쓰는 비닐 위에 펼친다. 가위로 장을 찢으니 뭉쳐진 비닐봉지 덩어리가 나온다. 플라스틱으로 장이 파열된 상태.

다음 사체를 들고와 테이블 위에 올려놓는다. 장을 해체하는데 선홍색을 띠어야 할 피가 바랬는지 포도색을 띤다.

"사체를 오래 보관해서 그렇게 보이는 것이 아니라, 한 마디로 복강 안에 출혈이 있었어요."

장이 막혔다고 설명해주는 수의사가 장을 막은 물질을 탐색한다. 이번에는 비피더스 유산균 음료의 라벨이 나온다. 포도 맛이라는 한글이 선명하다. 저게 왜 서해의 바다거북 몸속에서 나올까?

바다거북은 해파리를 좋아한다. 바다에 떠다니는 비닐은 해

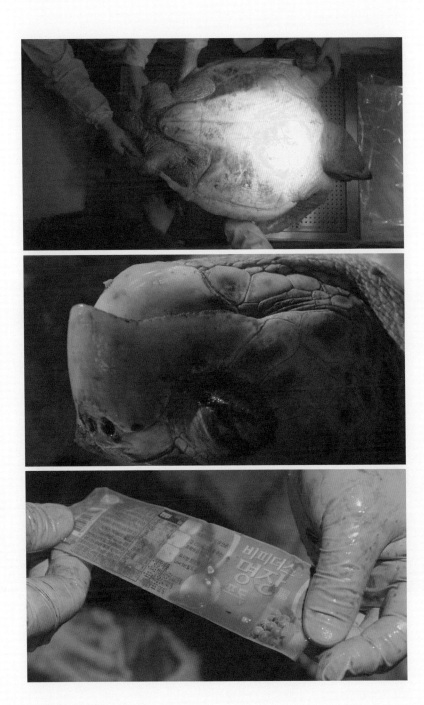

파리를 닮았다. 먹이로 착각하기 쉽다. 게다가 플라스틱이 바다에 흔해져 바다 생물들의 눈에 잘 띈다. 고래연구소가 제주도에서 해상 관찰을 하다가 미역을 지느러미에 감고 놀기를 좋아하는 남방큰돌고래가 해조류 대신 플라스틱 비닐을 가지고 노는 것을 촬영한 적이 있을 정도다.

호주 연방과학산업연구기구CSIRO 연구팀은 2018년 발표한 논문을 통해 바다거북이 단 한 조각이라도 플라스틱을 삼키면

바다거북의 장에서 나온 플라스틱

죽을 수 있음을 밝혔다. 사망 확률은 한 조각 섭취 시 22퍼센트, 14조각이면 50퍼센트, 100조각이면 100퍼센트다. •

신이 되고픈 인간은 소설 속 프랑켄슈타인처럼 현실 속 피조물을 만들었다. 이 피조물은 무엇이든 될 수 있고, 어떤 형태로든 변할 수 있으며, 가볍고, 방수 기능까지 갖춘 만능에, 가격도 싸서 대량 생산이 가능하다. '빚어내다'라는 뜻의 고대 그리스어 'Plastikos'에서 이름을 딴 플라스틱. 잘 썩지 않기 때문에 짧게는 450년, 길게는 영원히 사라지지 않는다. 임진왜란 때 우리 수군이 플라스틱을 썼다면 아직까지 바다를 떠다니고 있을 것이다. 바다거북이 장수의 상징이라면, 플라스틱은 불사의 존재다. 더 센 놈이 자신보다 약한 상대를 죽였다.

이날 서천에서 부검한 바다거북 5마리 대부분의 뱃속에서 플라스틱이 나왔다.

• Wilcox, Chris, et al. "A quanative analysis linking sea turtle mortality and plastic debris ingestion." *Scientific reports* 8.1 (2018): 12536.

최초의 플라스틱

공교롭게도 플라스틱은 야생동물을 구하고자 하는 선한 목적에서 탄생했다. 19세기 중반 어느 날, 미국의 당구용품 회사 사장이자 당구선수인 마이클 펠란이 지역 신문에 광고를 낸다.

'상아 당구공의 대체품을 만드는 사람에게 1만 달러를 상금으로 주겠다.'

당시 당구공은 코끼리 상아로 만들었는데, 야생 코끼리 밀렵이 성행하는 것에 대한 비판이 커지고 물량 공급이 수요를 못따라가면서 대안이 필요했다. 질기고, 단단하고, 둥그렇게 성형이 가능하며, 코끼리 상아보다 싼 대체 물질. 이 광고를 우연히 한 발명가가 봤다. 그의 이름은 존 웨슬리 하이엇John Wesley Hyatt. 그리고 그의 도전이 인류의 역사를 바꿨다.

미국 수도 워싱턴의 국립역사박물관에 존 웨슬리 하이엇의 발명품이 보관돼 있다. 유물을 수장고에서 꺼내와 조심스럽게 테이블 위에 올려놓는 큐레이터. 구성품은 갈색 공 세 개와 흰색 공 한 개, 그리고 받침대다. 흰색 당구공을 받침대 위에 올려놓는데 혹시나 떨어지진 않을지 염려하는 큐레이터의 손길이 신중하다.

이 당구공이 바로 최초의 열가소성 플라스틱thermoplastic이다. 존 웨슬리 하이엇은 여기에 셀룰로오스로 만들었다는 뜻에서 셀룰로이드라는 이름을 붙였다. 천연 유기화합물 셀룰로오스에 질산과 황산을 섞어 니트로셀룰로오스를 만들고, 녹나무에서 추출한 장뇌를 혼합해 만들었다. 둥그렇고 질겼지만 실제 당구공으로 쓰이지는 못했다. 최초의 플라스틱은 잘 깨지고 잘 폭발했다. 하이엇은 1869년 이 공을 발명한 직후 올버니 당구공 회사Albany Billiard Ball Company를 차렸고, 기술 개발을 통해 플라스틱 당구공을 대량 생산했다. 처음에는 당구공 주조부터 굳히기, 포장까지 총 3개월이 걸렸으나 점차 더 효율적인 플라스틱을 개발해내며 빠르게 생산하고 판매하는 것이 가능해졌다.

당구공 사업이 잘되자 하이엇은 당구공 회사를 투자자에게 맡기고 다른 것을 만들기 시작했다. 셀룰로이드를 원료로 인조 치아, 피아노 건반 등을 만들었다. 특히 사탕수수 기계를 수리하다가 플라스틱이 중장비 설비에 사용될 수 있다는 점을 파악

최초의 플라스틱 당구공

해 플라스틱 롤러 베어링까지 만들었다. 이를 위해 1892년 하이엇 롤러 베어링 회사Hyatt Roller Bearing Company를 설립했는데 이 회사는 1916년 자동차 회사인 GM에 합병돼 자동차에 쓰이는 롤러 베어링을 중점적으로 생산했다. GM은 2013년까지 하이엇 브랜드를 유지했다.

올버니 당구공 회사는 사라졌지만 그 부지였던 곳에는 공장이 있었다는 표지판이 설치돼 있다. 플라스틱 문명의 성지인 그곳을 찾았다. 뉴욕주의 주도인 올버니에는 기후 변화로 인한 유례없는 추위가 강타해 허드슨강에 얼음 조각이 떠다니고 있었다. 눈이 쌓인 도로를 달려 최초의 플라스틱 생산 공장 부지 근처에 왔는데 표지판이 얼마나 작은지 눈에 파묻혀 있어 근처를 이십여 분 헤매야 했다. 공장이 있던 자리는 식료품 가게와 공구 상점 등이 들어서 있는 작은 마트의 주차장으로 바뀌어 있었다. 주변은 이차선 도로와 민가라 아무도 신경 쓰는 이가 없었다. 무심한 표정으로 지나가는 행인을 붙잡고 물어봤다.

"플라스틱이 당신 등 뒤의 코너에서 탄생한 거 알아요?"

"아니요. 처음 들어봐요."

대부분 이곳이 플라스틱의 성지라는 것을 몰랐다. 공구 상점의 점원 한 명만이 예전에 당구공 공장이 있었는데 문 닫은 것을 안다며 기억을 더듬었다.

주차장 한편에 세워진 '최초의 플라스틱' 표지판 바로 옆에

는 마트에서 쓰는 빨간 카트가 뒤집힌 채로 눈에 처박혀 있었
다. 쌓인 눈덩이를 치우고, 역사의 이정표에 묻은 눈을 털어내
니 비로소 여섯 줄의 설명 문구가 눈에 들어온다.

최초의 플라스틱

셀룰로이드 – 1868년 발명

발명가 존 웨슬리 하이엇

최초 사용 – 당구공

올버니 당구공 회사

플라스틱 파이오니어 어소시에이션

'최초의 플라스틱' 표지판

지역 주민조차 눈여겨보지 않는 이 기념비가 플라스틱의 역사를 적시하고 있다. 이곳에서 생산된 천연수지 셀룰로이드 당구공이 당시 수많은 야생 아프리카코끼리를 밀렵 위기에서 구했다. 그 이전에는 머리빗도 코끼리 상아나 동물 뼈로 만들었는데, 셀룰로이드 플라스틱이 나오면서 대량 생산으로 가격이 떨어지자 누구나 빗을 가질 수 있게 됐다. 1907년 다른 발명가 베이클랜드에 의해 합성수지 플라스틱 베이클라이트가 만들어지고 이후 다양한 형태로 개발돼 플라스틱은 생활 속에 더 깊게 파고들었다.

전쟁도 플라스틱 기술의 발전을 부추겼다. 제2차 세계대전 당시 일본이 동남아시아를 점령하자 연합군은 천연고무를 확보할 방법이 없었다. 타이어를 비롯한 거의 모든 전쟁 장비에 들어가는 고무는 전쟁을 수행하기 위해 반드시 필요한 자원이었다. 연합군은 고무를 대체하기 위해 합성수지 기술을 개발했고, 이 과정에서 합성고무를 비롯한 다양한 플라스틱 신소재가 탄생했다. 마이클 펠란이 낸 신문광고를 보고 셀룰로이드를 착상했을 때 존 웨슬리 하이엇은 이런 거대한 흐름이 생길 줄 알았을까. 그가 이곳 올버니에서 첫 단추를 끼운 발명품은 150년 후 대한민국 서해에서 발견된 바다거북의 뱃속에서 나오는 전 지구적 물질로 등극했다.

플라스틱기

석유에서 추출된 고분자 화합물, 플라스틱은 대단해졌다. 에틸
렌을 중합한 폴리에틸렌PE이 발견되면서 비닐봉지, 페트병, 전
선 피복재 등 플라스틱의 쓰임새가 넓어졌고 합성섬유 나일론
이 개발되면서 플라스틱을 입게 됐다. 목재보다 오래 버티고,
철보다 가볍고, 고무보다 단단한 물질. 열이나 압력을 가하면
아무 모양이나 만들어낼 수 있다. 무엇보다 싸다. 그렇게 플라
스틱은 전통 소재인 나무, 철, 고무 등을 대체했다.

　인류의 운명을 바꾼 돌, 청동, 철처럼 플라스틱은 제2차 세
계대전 이후 대량 생산되며 현대 문명을 접수했다. 현 시대는
지질학의 관점으로 보면 인류세, 문명사적으로는 석기시대, 청
동기시대, 철기시대를 이은 플라스틱기器 시대다. 심지어 지금

이 글을 쓰며 누르는 자판, 노트북 본체, 마우스, 전원선, 스탠드 조명, 의자 바퀴까지 모두 플라스틱 소재가 포함돼 있다. 현대인이라면 하루 최소 한 번 이상은 플라스틱을 쓰게 되고, 둘러보면 어디에나 하나쯤은 보일 정도로 생활 반경 안에 널려 있다. 플라스틱은 공기 같은 존재가 됐다.

대체 얼마나 많이 생산됐을까? 미국 캘리포니아 주립대학교 환경과학과 롤랜드 가이어Roland Geyer 교수는 모형 만드는 것을 좋아한다. 세상을 연구하고 그 결과를 모형화해 수학 공식을 도출한다. 샌타바버라 해변에서 만난 그는 모래에 손가락으로 거침없이 공식을 써나간다.

$$\mathrm{CP}i(2015) = \sum_{t=1950}^{2015} P_i(t)$$

"제가 추측해 봤는데요, 여태까지 생산된 플라스틱을 평면에 균일하게 펴보면 아르헨티나를 발목 높이로 뒤덮을 정도라고 계산이 돼요."

1950년부터 2015년까지 생산된 플라스틱의 총량은 83억 톤이다. 그는 조지아 주립대학교 공과대학의 제나 젬백 교수, 그리고 해양교육협회의 카라 로 박사와 함께 현재까지 생산되고 사용된 모든 플라스틱의 운명에 대해 연구했다. 2017년 학술지 『사이언스 어드밴스』에 게재된 그들의 논문 제목에 '운명'

이라는 단어가 포함된 것은 플라스틱의 탄생부터 죽음까지의 과정을 추적했다는 뜻이다.● 그들의 주된 관심사는 얼마나 많이 버렸느냐다. 그것을 계산하기 위해 얼마나 많이 생산했는지, 한 번 생산한 것은 얼마나 오랫동안 쓰는지를 따졌다. 그러다 보니 생각해보지 않았던 문제가 등장했다. 플라스틱의 제품으로서의 수명은 얼마나 될까?

149쪽의 표는 생산된 플라스틱이 쓰레기로 버려지는 데 걸리는 시간을 표현한 것이다. 첫 번째 항목 '포장Packaging'의 경우 (파란색 그래프로 표시) 이 분야에 쓰이는 플라스틱은 1~2년 내에 모두 쓰레기로 버려진다. 반면, 여섯 번째 항목인 '산업용 기계Industrial machinery'의 경우 만들어진 지 15년 이후부터 쓰레기로 배출되기 시작하는 것을 확인할 수 있다.

롤랜드 가이어 교수에 따르면 우리가 사용하는 대부분의 플라스틱은 일회용이다. 전체 플라스틱의 40~45퍼센트가 한 번 사용하고 버려진다. 그렇게 버려지고 나면 어떻게 될까?

"플라스틱이 수명이 다하면 할 수 있는 건 세 가지예요. 재활용을 해서 다른 유용한 제품을 만들 수 있고, 소각할 수도 있죠. 아니면 버리는 거죠. 운이 좋으면 위생적인 매립지에 버려질

● Geyer, Roland, Jenna R. Jambeck, and Kara Lavender Law. "Production, use, and fate of all plastics ever made." *Science advances* 3.7 (2017): e1700782.

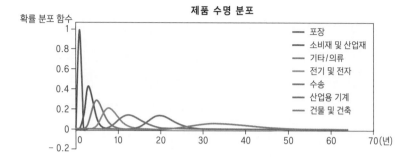

제품 수명 분포

확률 분포 함수

— 포장
— 소비재 및 산업재
— 기타/의류
— 전기 및 전자
— 수송
— 산업용 기계
— 건물 및 건축

거고 그렇지 않으면 잘 통제되지 않는 폐기물 더미나 바다 같은 곳으로 가게 되죠."

이 세 가지의 비율은 재활용 9퍼센트, 소각 12퍼센트, 폐기 79퍼센트다. 한마디로 대부분은 버려진다.

"플라스틱을 지구에서 제거하는 유일한 방법은 소각입니다. 재활용하면 활용은 다시 할 수 있지만 여전히 거기 존재하거든요. 즉 소각하지 않는 한 우리가 사용하는 모든 플라스틱은 평생 우리와 같이 살게 될 거예요."

실제로 플라스틱 페트병을 재활용하면 합성섬유를 뽑아내옷으로 만들 수 있다. 하지만 그 옷은 이후에 재활용이 거의 되지 않는다. 소각하지 않는 한 여전히 지구에 존재한다. 문제는 미세먼지 등 대기오염이 심해지면서 각 나라의 오염물질 배출기준이 강화되었고, 소각에 많은 제약이 따른다는 것이다. 늘어나는 플라스틱 생산량에 대비해 소각장을 늘리기 힘든 실정이다. 매립도 늘리기 힘든 건 마찬가지다. 대한민국 국민이라면 한 번쯤 쓰레기 매립지의 용량이 한계치에 다다랐다는 언론 기사나 쓰레기 매립지 신설을 반대하는 님비NIMBY 현상 관련 이야기를 접해본 적이 있을 것이다. 이건 비단 우리나라뿐 아니라 지구촌 전역에서 벌어지고 있는 일이다.

롤랜드 가이어 교수는 동료들과 함께 찾을 수 있는 데이터는 죄다 수집했다. 미국과 유럽의 30개국을 심층 분석하고, 세계 최대의 생산자이자 소비자인 중국의 자료를 모으는 데도 주력했다. 중국의 인구를 거의 따라잡은 인도도 개별 분석을 했다. 그 외의 나라들은 세계은행 등 국제기구의 자료를 구해 정확성을 높였다. 그렇게 또 공식이 나왔다. 가이어 교수가 칠판에 자신들의 최종 연구 결과를 적는다.

$$PW(t) = \sum_{i=1}^{8} \sum_{j=1}^{65} P_i(t-j) \cdot LTD_i(j)$$

어떤 한 해에 나온 플라스틱 쓰레기의 양이다. 복잡해 보이지만, 실은 플라스틱 생산량에 플라스틱 종류별 유통량을 더한 것이다. i는 종류를 나타내는데 여기에는 플라스틱 제품 수명표에서 본 것처럼 포장, 산업용 기계, 수송, 건축 부문 등이 있다. 종류별로 수명이 다른 것을 고려해 산출한 플라스틱 종류별 유통량과 플라스틱의 생산량을 다 더해 특정 연도 t에 발생한 플라스틱 쓰레기 배출량을 구한다. 예를 들어 2015년의 경우 3억 톤의 플라스틱 쓰레기가 나왔다. 수학의 언어로 표현하면 아래와 같다.

$$PW(2015) = 300{,}000{,}000톤$$

이렇게 매해 생산된 플라스틱 쓰레기를 합치면 인류가 플라스틱을 대량 생산하기 시작한 시기부터 여태까지 만들어온 플라스틱 쓰레기의 양을 구할 수 있다. 거대한 가속이 시작된 1950년을 기점으로 잡으면 마지막 공식이 나온다. 누적 플라스틱 쓰레기의 양이다.

$$CPW(2015) = \sum_{t=1950}^{2015} PW(t)$$

답은 얼마일까? 힌트를 주자면, 앞에서 언급했듯이 1950년부터 2015년까지 누적된 플라스틱 생산량은 83억 톤이다. 그중 얼마나 버린 걸까? 정답을 공개한다.

$$CPW(2015) = 6{,}300{,}000{,}000톤$$

63억 톤이다. 인류세의 시작으로 유력한 1950년 이후로 65년 간 플라스틱 83억 톤을 생산해 그중 63억 톤을 버렸다. 천문학 적인 숫자라 가늠이 잘 안 된다.

"말도 안 되게 많은 양이에요."

롤랜드 가이어 교수를 비롯한 연구진은 학자로서 큰 흥미를 느끼며 이 공식을 만들었고, 플라스틱의 운명을 수량화했다는 점에서 만족감을 얻었다. 그럼에도 불구하고 그들 모두 현실에 서의 계산 결과에 충격을 받았다. 숫자는 거짓말을 하지 않는 다. 가이어 교수가 모은 연도별 숫자는 우리가 감추고 싶은 사 실들을 적나라하게 말하고 있었다.

"이 그래프 좀 보세요. 상승 곡선이 점점 더 가팔라지고 있

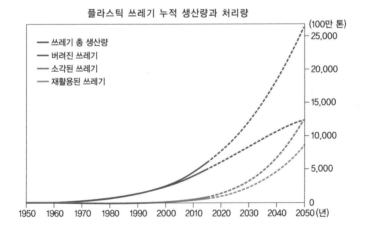

플라스틱 쓰레기 누적 생산량과 처리량

$$PW(t) = \sum_{i=1}^{8} \sum_{j=1}^{65} P_i(t-j) \angle TD_{i,j})$$

$$CPW(2015) = \sum_{t=1950}^{2015} PW(t)$$

$$PW(2015) = 300,000,000\ t$$

$$CPW(2015) = 6,300,000,000\ t$$

죠. 특히 2015년 이후가 상승폭이 커요. 이때쯤이면 세계적으로 환경오염 문제가 이슈화되면서 플라스틱 사용을 자제하자는 움직임이 커진 시기인데도요. 이 추세면 20년 후엔 지금보다 두 배 이상의 플라스틱 쓰레기가 만들어져요."

2015년까지 모은 데이터를 바탕으로 롤랜드 가이어 팀은 논문에 이 도표를 실었다. 도표에서 점선은 그들이 수학적 모델로 전망한 부분인데, 논문이 발표되고 난 이후 수집한 2016~2018년까지의 데이터는 한 치도 예상을 벗어나지 않았다.

롤랜드 가이어 교수는 친절한 사람이다. 아름답기로 유명한 샌타바버라 해변을 거닐면서, 또 대학 연구실의 칠판 앞에 서서 수차례 공식을 적고 수학을 이해하지 못하는 제작진에게 설명을 반복하면서도 특유의 미소를 잃지 않았다. 그런 그가 논문의 결론을 말할 때는 표정이 굳었다.

"천문학적인 숫자인데 매년 증가하고 있어요."

플라스틱의 운명을 연구한 학자는 인류의 운명을 직감했을지도 모른다.

재활용이라는 미신

세계에서 가장 재활용을 잘하는 국민은 누구일까? 자타공인 독일 사람이다. 독일 국적인 롤랜드 가이어 교수는 독일 사람들 스스로 재활용의 세계 강국이라고 말하길 좋아한다고 귀띔해 줬다. 한국도 재활용을 잘하는 선진국 축에 속한다. 독일인이나 한국인처럼 재활용을 열심히 하면 플라스틱을 좀 마음껏 써도 괜찮지 않을까? 가이어 교수는 그렇지 않다고 말한다.

"불행히도 세계 어디서나 플라스틱 재활용은 효과가 없어요. 심지어 한국이나 독일 같은 나라에서도 재활용률은 아주 낮아요. 보통 사람들은 재활용이라고 하면 잘 분류해서 버리는 거라고 생각하죠. 그건 수집 과정입니다. 재활용의 아주 길고 복잡한 과정 중 한 단계일 뿐이죠."

미국에서는 플라스틱 종류별로 쓰레기통 색깔이 다르다. 사람들은 플라스틱 쓰레기를 색깔이 다른 쓰레기통에 버리면 저절로 재활용된다고 생각한다. 플라스틱 용기에는 분리배출을 위해 제품 종류를 나타내는 숫자가 적혀있는데 캘리포니아주를 기준으로 3, 4, 5, 6, 7에 해당하는 플라스틱 쓰레기는 재활용이 거의 불가능하다. 경제성이 떨어지기 때문이다.

이는 플라스틱의 특성에서 비롯된다. 플라스틱은 열과 압력을 가하면 마음대로 성형이 가능한 고분자화합물을 말하는데, 종류가 엄청나게 많다. HDPE, LDPE, PP, PET, PS, PVC 등 플라스틱은 재질도 다양한 데다가 상품별 색상과 디자인까지 천차만별이라 쓰레기를 다시 활용하기 위한 목적으로 분류하고 가공하기가 어렵다. 예를 들어 아이스커피를 테이크아웃할 때 쓰는 일회용 컵의 경우, 상품별 경도와 투명도 및 색이 다르고 업체명이나 로고가 인쇄된 경우도 많아 재활용이 전무하다고 보면 된다. 게다가 플라스틱 자체가 저렴하기 때문에 재활용한 제품은 더 쌀 수밖에 없다. 여간해서는 수지타산이 맞지 않는다. 시민이 열심히 분리배출해도 수거-선별-파쇄-세척-압축-성형 등 일련의 재활용 과정 속에서 상당량이 탈락한다. 제품 생산 과정에서 재활용을 염두에 두지 않은 경우가 대부분이라 시민과 재활용 업체가 노력해봐야 기대만큼 잘 안 된다.

영국 가디언지는 2019년 8월 17일 '플라스틱 재활용은 미신이다'라는 제목의 기사를 실으면서 롤랜드 가이어 교수의 논문과 인터뷰를 인용했다. 가이어 교수의 지적은 뼈아프다.

"사람들이 재활용을 하려고 노력하는 점은 좋게 생각해요. 하지만 수집과 재활용은 다르죠. 우리는 모으는 건 잘하는데 그걸 잘 활용하지 못하고 있죠. 어떤 나라가 더 잘났거나 못났거나 하는 거 없이 우린 모두 평등하게 못났다고 볼 수 있어요."

캘리포니아 오렌지카운티의 코스타메사시에는 11만 명이 산다. 도시 내 유일한 재활용센터인 'OCC 재활용센터'에는 플라스틱 쓰레기를 가져오는 시민들이 줄을 잇는다. 시민들은 주차장에 주차한 뒤 싣고 온 쓰레기 더미를 색깔이 다른 통에 분류해 무게를 재고 돈을 받아간다. 하루에 300명 정도의 시민이 이곳을 찾는다. 그럼에도 이 시설을 책임지고 있는 마이클 캐리 소장은 자국의 재활용 시스템에 대해 회의적이다.

"저는 미국에서 재활용이 아주 형편없이 되고 있다고 생각해요. 분리하고 재활용하는 건 못하는 나라예요. 아주 더러운 방식으로 쓰레기를 모으고 잘 분류하지도 않아요. 그리고 그것을 수출하죠. 다른 나라 사람들이 그 쓰레기를 분류하게 해요."

1984년부터 이 재활용 센터를 운영해온 그는 변화를 체감한다.

"플라스틱은 지금 우리가 재활용하고 있는 것들 중 가장 양이 많아요. 34년 전엔 유리가 훨씬 많았어요. 일주일에 유리가 40톤 정도 있었죠. 지금은 아무도 유리로 무언가를 만들지 않아요. 케첩, 마요네즈, 땅콩버터 등 모든 식품 용기가 예전에는 유리였죠. 지금은 플라스틱입니다. 34년 전에는 물병도 별로 없었고 있어도 유리병이었어요. 지금은 플라스틱 용기에 담긴 물과 음료수를 마시죠."

재활용 센터 한편에서는 플라스틱 페트병이 컨베이어벨트를 따라 올라가고 있다. 벨트 끝에 다다른 병들은 압축 기계로 떨어진 후 압축 과정을 거친다. 20분 뒤, 경고음을 내며 압축된 플라스틱 더미가 가래떡 나오듯 기계에서 나와 땅에 툭 떨어진다. 더미 하나에 플라스틱 병 2만 9000개가 있다. 하루에 평균 3개 정도 더미를 만든다. 이 더미들은 가장 돈을 많이 주는 사람에게 팔린다. 인도네시아, 베트남, 대만 등 다른 나라로 가기도 하고, 남부 캘리포니아의 업체로 가 음식 저장용기나 카펫, 옷 등으로 재탄생되기도 한다. 행선지는 단가에 달려 있다.

"현재 플라스틱 1파운드가 16센트인데 예전에는 80센트였어요. 원래 가치의 25퍼센트밖에 안 되죠. 지난 1년 반 사이에 일어난 일이에요."

세계의 플라스틱 쓰레기 절반가량을 수입하던 중국이 2018년 1월부터 플라스틱 쓰레기 수입 금지 조치를 단계적으로 시행하면서 재활용 시장이 요동치고 있다. 재활용 가능한 플라스틱 쓰레기의 단가가 급락했다. 마이클 캐리에 따르면 캘리포니아의 재활용 센터 중 40퍼센트가 지난 2년 동안 문을 닫았다.

페트병 2만 9000개를 압축한 더미(아래)

종착지

많이 생산되는데 재활용도 잘 안 된다면 그 많은 플라스틱은 다 어디로 가는 것일까? 여기에 의문을 품은 사람이 있다. 영국 플리머스 대학교의 리처드 톰슨 Richard Thompson 교수다. 그가 매일 출근하는 플리머스 대학교 해양학과 건물 일층 로비에는 이런 글귀가 적혀 있다.

"만약 물을 이해하고 싶다면, 질주하는 말의 무리처럼 뛰어들어야 한다." •

톰슨 교수는 한 질문 속으로 뛰어들었다. '플라스틱은 다 어디 있는 걸까?' 사용하고 난 후 소각해 대기로 날려 보내고, 땅

● If you are to understand water, you have to throw it about like a herd of galloping horses.

에 묻거나 재활용하는 양을 가늠해봐도 오차가 컸다. 바다에 떠다니는 플라스틱 쓰레기를 감안해도 데이터가 안 맞았다. 보이지 않는 고리가 있음이 분명했다.

고민을 하며 지내던 어느 날, 별 생각 없이 바다를 바라보다가 갑자기 한 가지 생각이 떠올랐다. 보이지 않는 플라스틱이 있을 수 있다!

플라스틱은 부서진다. 어떤 플라스틱은 손아귀 힘으로도 쪼개지고, 어떤 플라스틱은 파도와 햇빛에 의해 더 작은 조각이 된다. 풍화와 마모를 거치며 큰 플라스틱은 여러 개의 작은 플라스틱이 된다. 플라스틱의 크기에 주목한 톰슨은 2004년 플라스틱이 작은 형태의 플라스틱으로 부서져 바다에 떠돌고 있음을 밝혀냈다. 이름도 붙였다. 미세플라스틱Microplastic.

미세플라스틱은 작은 것은 사람의 머리카락 지름보다 작아서 현미경으로 봐야만 보인다. 연구진은 20마이크로미터 크기의 플라스틱을 찾아내기도 했다. 플라스틱은 사라진 것이 아니라 육안으로 안 보일 만큼 작아져 있을 뿐이다. 플리머스 대학교 해양학자들이 조사한 모든 해양에서 발견됐다. 전 세계의 해안, 심해, 북극해의 빙하뿐만 아니라 바닷새와 물고기의 내장에서도 검출됐다. 500마리의 물고기를 조사했는데 3분의 1에서 미세플라스틱이 나오기도 했다.

조지아 주립대학교 제나 젬백 교수와 롤랜드 가이어 교수가 함께한 연구에 따르면 2010년 기준 한 해 발생한 2억 7500만 톤의 플라스틱 쓰레기 중 많게는 1270만 톤이 바다로 흘러 들어갔다.● 해양을 접하고 있는 192개국의 자료를 가공해 뽑아낸 이 수치는 현실보다 적게 나왔을 가능성이 크다. 데이터를 수집하기 어려운 해상기인 플라스틱 쓰레기(어업, 해양 군사 활동 등 바다에서 나오는 폐기물)와 가정에서 배출하는 미세플라스틱은 포함되어 있지 않기 때문이다. 예를 들면 나일론, 폴리에스테르, 폴리우레탄, 아크릴 등 합성섬유로 만든 옷을 세탁기에서 빨면 한 번에 미세섬유가 수십만 개씩 방출된다. 이들은 너무 작아 하수처리 시스템을 그냥 통과해 바다로 흘러간다.

세계자연보호연맹에 따르면 미세플라스틱 오염의 약 35퍼센트가 합성섬유 제품을 세탁할 때 발생한다. 싼 가격에 빨리 입고 빨리 버리는 패스트패션이 자리 잡은 이후 상황은 더욱 악화됐다. 의류 브랜드 자라, 망고, 유니클로, 스파오, 에잇세컨즈 등으로 구성된 국내 SPA 시장의 규모는 2008년 5000억 원에서 2017년 3조 7000억 원으로 10년 사이 7배 넘게 커졌다. SPA 브랜드들은 가격경쟁력을 갖추기 위해 폴리에스테르 등 합성섬유를 선호한다. SPA 브랜드만 탓할 일은 아니다. 전체 섬유 생산량 중 합성섬유가 65.8퍼센트(2017년 기준)다. 싼 가격

● Jambeck, Jenna R., et al. "Plastic waste inputs from land into the ocean." *Science* 347.6223 (2015): 768-771.

을 쫓다가 우리는 플라스틱에 중독돼버렸다.

원인이야 어찌됐든, 그리고 과학적 수치가 얼마나 정확하든, 현재 바다에 육안으로 보이는 플라스틱 쓰레기 외에도 보이지 않는 미세플라스틱이 넘쳐난다는 것은 사실이다. 바다거북이 삼킨 것은 비피더스 유산균 라벨 말고도 무수한 미세플라스틱이다. 미세플라스틱의 발견으로 담론이 확산되고 연구가 쌓이자 세계경제포럼은 2050년경에는 바다에 물고기보다 플라스틱이 더 많아질 것이라는 전망까지 냈다.

플라스틱의 진실을 한 꺼풀 벗긴 플리머스 해안가는 유서 깊은 곳이다. 1620년 청교도들이 이곳에서 메이플라워호를 타고 바다를 건너 신대륙으로 향했다. 1880년대에는 영국 최초의 해양연구소가 이 지역에 세워졌다. 이제 그 해변에는 육상에서 밀려온 플라스틱 쓰레기들이 군데군데 널브러져 있다. 리처드 톰슨 교수는 모래를 한 줌 집어 손바닥 위에 펼친다.

"모래 속 색깔 있는 입자들이 플라스틱이에요. 여기 너들도 있네요. 현미경으로 살펴보면 더 많은 조각이 보일 거예요."

너들nurdle은 플라스틱 제품의 원료로 쓰이는 작은 알갱이다. 쌀 한 톨보다 작다. 톰슨의 연구팀이 현미경과 분광기 등으로 전 세계 20곳이 넘는 해안을 조사한 결과, 모든 곳에서 미세플라스틱이 발견되었다.

해조류가 휘감고 있는 바위 쪽으로 간 톰슨 교수가 별안간

플리머스 해안가의 리처드 톰슨 교수

모래톡톡이(위)와 미세플라스틱(아래)

무릎을 꿇더니 반쯤 엎드려 뭔가를 찾는다. 개를 데리고 산책하는 시민들이 톰슨 교수를 이상하게 쳐다보고 지나간다.

"아, 여기 찾았어요. 두 마리 있네요. 제가 갑자기 만졌더니 죽은 척하고 있는데 가만히 두면 곧 일어나서 움직일 거예요. 이건 단각류인 모래톡톡이입니다. 해안 제일 위쪽에 살죠. 보통은 자연의 유기물질을 분해합니다. 이 해초들을 분해하죠."

말이 끝나자마자 모래톡톡이가 톰슨 교수의 손바닥 위를 활발히 움직인다. 섭식기관, 특히 입 부분이 매우 강해서 씹히는 것은 뭐든지 먹어 치운다. 톰슨의 연구팀은 이 단각류를 데려다 실험실에서 관찰했다. 그리고 충격적인 연구 결과를 얻었다.

"플라스틱을 먹어치워요. 플라스틱을 씹을 수 있었는데 점점 더 작은 조각으로 분해했어요. 밀리미터보다 작게 자를 수 있습니다. 게다가 진행 속도도 꽤 빨라요. 이런 생명 활동이 미세 플라스틱을 만들어내고 있어요."

단각류는 비닐봉지 하나를 175만 조각으로 자를 수 있었다. 다른 해양 생물을 대상으로 한 실험에서는 플라스틱이 몸속으로 들어가 몇 주, 몇 달, 심지어 몇 년 동안 남아 있는 것을 발견했다. 일반적인 (유기체) 음식과 달리 생체 기관을 통해 잘 배출되지 않음을 확인한 것이다.

그는 북해 연안의 풀마갈매기 주검의 95퍼센트가 뱃속에 플라스틱 조각들을 잔뜩 채우고 있다는 사실도 알아냈다. 한 마리당 평균 44조각이나 들어 있었는데, 사람의 체중으로 환산하면 2킬로그램이 넘는 양이다. 나아가 자연 환경에서 플라스틱에 노출된 700여 종의 해양생물을 연구해보니 많은 종이 직접적이고 물리적인 피해를 입고 있었다. 화학물질이 플라스틱을 통해 옮겨진다는 것도 명확했다. 바닷물 속에는 비스페놀, 노닐페놀NPE, 폴리브롬화디페닐에테르PBDE 등의 화학물질이 있는데 미세플라스틱 표면에 들러붙기 쉽다. 이를 흡착이라고 부른다. 다만 체내에 들어온 미세플라스틱들이 추가적인 독성 피해가 있을 정도로 충분한 화학물질을 흡착했는지, 또 얼마나 많은 미세플라스틱을 섭취해야 내분비계가 영향을 받는지 등은 분명하지 않다.

가장 섬뜩한 점은 미세플라스틱이 어류, 야생동물, 그리고 인체에 머물면서 해당 종에 미치는 유해성이 제대로 밝혀지지 않았다는 것이다. 리처드 톰슨 교수가 미세플라스틱의 존재를 밝혀낸 지 겨우 15년 정도. 플라스틱을 먹으면 건강에 어떤 문제가 생기는지 알아내기에는 부족한 시간이다. 따져보면 플라스틱이 발명된 지 대략 150년, 본격적으로 사용된 지는 60~70년 남짓이다. 우리는 플라스틱을 아직 잘 모른다.

플라스티글로머레이트

플라스틱 쓰레기는 미세플라스틱으로 작아지기도 하지만, 단순한 쓰레기에서 한 단계 더 나아가기도 한다.

네덜란드 헤이그에 위치한 과학사 박물관 뮤제온Museon. 학교에서 현장 학습 나온 어린이들이 뛰어다니고 있다. 2층에 올라가니 '하나의 행성'이라는 주제로 특별 전시가 열리고 있다. 그 한복판에 자리 잡은 키 큰 진열장에 돌이 가득 차 있다. 지구의 역사를 말해주는 암석들이 선반에 칸칸이 놓여 있다.

크림슨, 상아, 밤, 옥빛 등 10개가 넘는 색이 구불구불 주름진 채 겹쳐 있는 아름다운 돌은 호상철광층이다. 발견 장소는 호주. 대략 28억 년 전 암석이다. 그 옆에는 그린란드에서 온 38억 년 된 시생대 변성역암이 놓여 있다. 이런 암석들은 용암

시생대 암석 호상철광층(아래)

에 의해 생성된다. 용암이 식어서 암석이 되고, 그것이 다시 용암의 열이나 압력에 영향을 받아 성질이 변한다.

그런데 기라성 같은 선배 암석 사이에 우주선 모양의 해괴한 큰 돌 하나가 있다. 가까이 다가가 찬찬히 살펴보니 그물, 밧줄, 산호, 조개껍질, 폴리프로필렌 재질의 플라스틱 통, 미세플라스틱 알갱이 등이 어두운 돌에 결합돼 있다. 유리창에 붙은 설명 문구에는 이렇게 적혀 있다.

플라스티글로머레이트

하와이

2010년으로 추정

인류세

소장번호 234622

플라스티글로머레이트Plastiglomerate. 처음 읽어보는 정체불명의 단어를 한국어로 어떻게 받아들여야 할지 난감하다. 국내에서 아무도 이를 번역한 적이 없어 제작진이 '플라스틱 암석'이라고 우리말 이름을 지어줬다.

플라스티글로머레이트, 플라스틱 암석은 용암 분출 같은 자연 현상 혹은 캠프파이어 같은 인간 활동에 의해 온도가 극도로 높아졌을 때 플라스틱 쓰레기가 산호나 돌에 결합되면서 만

인류세 암석 플라스티글로머레이트

들어진다. 이 신종 쓰레기가 지구의 역사 코너에 인류세를 대표하는 암석으로 버젓이 전시되고 있다.

"이게 증거입니다. 증거 중 하나예요. 대기오염을 눈으로 볼 수 있는 경우는 별로 없잖아요. 그런데 바다의 오염은 눈으로 볼 수 있어요. 그것이 지금 돌로 나타났죠."

박물관 큐레이터 피소 프리소는 지질학의 시간을 24시간으로 환산했을 때 천분의 1초에 불과한 인류세가 새로운 암석을 만든 것에 크게 놀랐다며 전시 의도를 밝혔다. 그에게 플라스틱 암석을 들여오는 과정을 듣는 것도 흥미로웠다. 암석 중에 용암과 플라스틱 쓰레기가 섞인 것이 있다는 정보를 들은 뒤 하와이에서 문제의 암석을 수소문했다. 현지 환경단체 활동가를 통해 플라스틱 암석을 구한 뒤 하와이에서 사업을 하고 있는 네덜란드의 배송 회사에 의뢰해 오랜 시간을 기다린 끝에 큰 박스 하나를 받을 수 있었다. 길이 1미터, 폭 50센티미터의 대형 표본이었다. 그렇게 입수한 인류세의 돌이 시생대, 백악기 등 공식 지질연대의 암석들과 함께 선반을 장식하고 있다.

카밀로 해변

새로운 암석이 탄생한다는 곳, 그 현장으로 향했다.

아름다운 화산섬 하와이는 북태평양 해류가 지나는 곳에 있어 아열대 환류가 싣고 온 쓰레기가 쌓이는 거점이다. 그중 빅아일랜드는 해변 모래의 15퍼센트가 플라스틱 조각이라는 통계도 있다. 특히 카밀로 해변은 더럽기로 악명 높다. 하와이 해변 중 가장 동쪽에 위치한 탓에 해양 쓰레기가 집중된다. 고운 모래가 넓은 백사장을 형성하고 있음에도 이곳을 찾는 이들은 서퍼나 휴양객이 아니다. 주로 과학자와 환경운동가, 자원봉사자다. 하와이야생동물기금Hawaii Wildlife Fund이 단 이틀간의 해변 청소로 7톤의 쓰레기를 수거했을 정도다. 그중 90퍼센트는 플라스틱이었다.

힐로 공항에 내려 카밀로 해변으로 이동하다 보면 킬라우에아 화산이 보인다. 해발고도 1222미터의 이 산은 세계에서 가장 활발한 활화산이다. 2018년 5월 분화하여 3개월간 시뻘건 마그마를 분출했다. 용암이 최대 80미터 높이로 분수처럼 솟구쳤고, 시속 100킬로미터로 인근 해안과 마을을 덮쳤다. 마그마가 마치 강물처럼 바다 쪽으로 흘러내렸고, 해변의 플라스틱 쓰레기와 엉겨 붙으며 플라스티글로머레이트, 플라스틱 암석이 한가득 탄생했다. 과연 오늘 인류세의 암석을 직접 찾을 수 있을까?

설렘을 안고 카밀로 해변에 도착한다. 가장 먼저 보이는 것은 지저분하게 넘실대는 파도. 플라스틱 수프가 띠를 이루며 파

플라스틱 수프

도를 타고 있다. 미세플라스틱이 뭉친 상태로 바닷물에 의해 걸쭉해진 것을 플라스틱 수프라고 하는데, 플라스틱 건더기가 한데 떠 있는 게 정말 수프처럼 보인다. 절대 먹고 싶지 않지만.

시선을 돌리니 흰색 변기 커버가 눈에 띈다. 형태와 색이 온전하다. 누군가가 앉아서 볼일 보던 플라스틱이 어쩌다 태평양 한복판에 오게 된 것일까.

행여 한국에서 온 쓰레기는 없을까 찾아보는데 금방 발견한다. 공업용 빙초산 통에 IMF 때 사명을 바꾼 한 식품회사 이름이 한글로 쓰여 있다. 최소 20년은 넘었다는 뜻인데 바다 건너 여기서 만나게 되니, 반가운 마음보다 착잡함이 앞선다. 맥주나 우유를 담을 때 쓰는 플라스틱 박스도 보였는데 바닥에 '실용신안 등록'이라는 한글과 재질명 HDPE(고밀도 폴리에틸렌)가 적혀 있다. 그 외 주로 폴리프로필렌 재질의 플라스틱 쓰레기가 많이 보인다. 페트병은 바닷물보다 밀도가 높아서 바닷속에 가라앉는데 폴리프로필렌은 바닷물보다 밀도가 낮아서 이렇게 대륙 이동을 감쪽같이 해낸다. 샴푸 용기 하나는 겉에 구멍이 뚫려 있는데 이빨 자국이 고스란히 보인다.

"상어나 물고기가 물었을 거예요. 맛있어 보였겠죠. 해양 생물들은 먹이와 플라스틱을 구분 못해요."

하와이 대학교 해양지구과학과 세라-진 로이어Sarah-Jeanne Royer 박사가 흔적의 주인공을 가르쳐준다. 그녀는 최근 플라스틱 쓰레기의 새로운 능력을 밝혀낸 학자다. 이곳과 다른 하와이 해변에서 해양 쓰레기를 수거하면서 햇빛이 플라스틱에 닿으면 온실가스가 발생한다는 것을 우연히 발견했다. 플라스틱 병이 바닷물에 미치는 영향을 측정하고 있었는데, 바닷물 온도가 예상치보다 높았다. 왜 그런지 따져보다가 석유로 만들어진 플라스틱이 특정 조건하에서 메탄, 에틸렌 등 온실가스를 배출한다는 것을 알아냈다. 플라스틱 쓰레기가 지구온난화에 영향을 미치는 것이다.

"지금 보는 이 용기는 저밀도 폴리에틸렌LDPE으로 만들었을 거예요. 이 해변에서 종일 자외선에 노출되고 있는데 온실가스인 에틸렌이 배출되죠."

그렇게 플라스틱 쓰레기를 배출하면 안 되는 이유가 또 하나 늘었다. 플라스틱은 어디까지 우리를 놀라게 할까?

"플라스틱 암석이다!"

누군가 외친다. 카밀로 해변에 도착한지 불과 20분 정도 지났을 때다. 확인해보니 정말 플라스티글로머레이트다. 검정색, 초록색, 파란색 그물 조각과 흰색 미세플라스틱 알갱이들이 화산암과 결합해 새로운 돌로 태어났다. 로이어 박사는 미세플라스틱은 평균적으로 흰색이 많다고 말한다. 옷을 햇볕에 꺼내놓으면 시간이 지나며 색이 빠지듯, 자연광이 플라스틱 쓰레기를 탈색시킨다는 것이다.

제작진이 직접 찾은 플라스틱글로머레이트

너무 쉽게 인류세의 상징을 찾고 나니 허무할 지경이다. 이렇게 빨리 발견할 수 있었던 것은 모든 조건이 고루 갖춰져서다. 버려진 플라스틱이 카밀로 해변의 해양지리적 환경과 빅아일랜드의 생명력 넘치는 활화산을 만나 새 시대의 암석을 만들어냈다. 플라스틱 쓰레기가 너무 풍부한 탓에 플라스틱 암석은 이곳에서 희소성이 전혀 없는 평범한 돌이다.

하와이에서 발견된 한국산 쓰레기

새로운 생태계

한겨울에 찾은 거제도 흥남 해변은 한적해 파도 소리만 오롯이 들린다. 백사장에 서면 섬이 많은 거제 바다의 풍경이 펼쳐지고 바닥에는 고운 모래와 자갈이 360미터 길이 해변에 걸쳐 깔려 있다. 여름에는 해수욕을 하려는 사람들이, 봄과 가을에는 서퍼들이 바다를 채운다. 겨울인 지금 해변에는 바다에서 떠밀려온 흰 양식장 부표 하나만이 보인다.

서퍼가 많다는 것은 이 해변에게 축복이다. 서핑하는 사람들은 바다를 사랑해서 해변 청소를 알아서 잘 한다. 미국 캘리포니아와 하와이에서 만난 서퍼들도 주기적으로 자원봉사를 하며 쓰레기를 치운다. 이 흥남 해변 역시 의식 있는 서퍼들 덕분에 플라스틱 쓰레기가 별로 없다. 다만 캘리포니아와 하와이에 없는 발포 폴리스티렌(스티로폼) 소재의 플라스틱 부표 조각이 눈에 띌 따름이다. 양식업이 발달한 남해만의 특징이라고 할 수 있다.

해변 한쪽의 방파제에 가서 보니 바닷물에 미세플라스틱이 모여 플라스틱 수프 형태를 띠고 있다. 물론 하와이 카밀로 해변처럼 심하지는 않다. 오늘은 아니지만 계절에 따라 플라스틱 쓰레기가 해안가에 많이 유입되는 시기가 있다. 그러면 이 플라스틱 수프의 밀도가 증가하고 범위가 커진다. 이 해변뿐 아니라 남해 전역의 문제다. 서퍼들이 바닷물 위의 미세플라스틱까지는 어쩔 수 없는 노릇이다.

홍남 해변에서 6킬로미터 떨어진 곳에 위치한 한국해양과학기술원 남해연구소. 우리나라에서 플라스틱 해양오염 관련 연구가 가장 활발히 이뤄지는 곳 중 하나다. 다양한 경로로 플라스틱이 바다에 유입되듯, 심원준 소장과 연구팀은 여러 가지 연구를 동시에 진행하고 있다. 2019년 4월 국내 육지에서 해양으로 유입되는 플라스틱의 양을 분석한 연구 결과를 처음으로 공개했는데, 낙동강에서 남해로 유입되는 플라스틱의 양이 연간 53톤으로 개수로는 약 1조 2000억 개에 달한다. 일명 '육상기인' 미세플라스틱의 실체다.

또한 연구선을 이용해 2018년 여름 동중국해, 서해 중심부, 남해 외해협, 진해만, 마산만 안쪽에서 퇴적물을 시추해 분석

중이다. 연구 결과가 나오면 중국에서 서해로 들어오는 미세플라스틱과 대만난류暖流를 통해 동남아시아와 중국에서 이동해오는 미세플라스틱의 오염 현황을 볼 수 있다. 해외에서 넘어오는 플라스틱의 규모와 정도를 추측할 수 있는 것이다.

게다가 이 해저코어 샘플의 연대를 측정하면 인류세의 표식중 하나인 플라스틱이 한반도 인근 해역에 언제부터 어느 정도로 쌓이고 있는지도 알 수 있다. 세상에 없던 플라스틱 지층이실제로 우리 바다에서 만들어지고 있을까? 이 흥미진진한 분석의 결과를 기다리는 것은 오랜 시간이 소요되기 때문에 우리는대신 한국발 '해상기인' 미세플라스틱의 실체를 알아보러 연구선에 올라 마산만으로 향한다. 그곳에는 흥남 해변에서 본 플라스틱 부표가 즐비하게 널려 있다.

"저게 좋겠네요. 있을 것 같아요."

해양학자 홍상희 박사가 가리킨 부표 6개를 수거한 뒤 미리준비해 온 새 부표 6개를 원래 자리에 대신 띄운다. 막상 걷고나니 부표는 흰색이 아니라 녹색이었다.

"플라스틱스피어plastic-sphere라고 불러요. 하나의 생태 공간이되어버렸어요."

해양 생물들에게 바다 한가운데 떠 있는 부표는 들러붙기 좋은 물체다. 각종 해조류, 어패류가 잔뜩 붙어 있다.

샘플을 연구소로 가져가 해체하기 시작한다. 다섯 명의 연구원이 옹기종기 앉아 부표를 하나씩 잡고 칼로 뜯기 시작한다.

"오, 나왔다. 나왔어."

게다. 작은 게가 놀란 포즈를 취한다. 우리가 원하는 녀석은 아니다. 다시 찾는다.

"어, 이건?"

물고기다. 새끼손가락 크기의 물고기가 펄떡댄다. 파면 팔수록 다양한 해양 생물이 속속 등장한다. 이토록 많은 생명체가 살고 있다니. 플라스틱 부표가 지구처럼 생태계를 형성하고 있었다.

"오! 크다. 안 뜯어지게 살살."

드디어 모습을 드러낸 갯지렁이. 부표 깊숙이 파고든 탓에 찾는 데도 한참 걸렸는데, 그 속에 집을 길게 만들어 놓아서 꺼내는 데도 한참 걸린다. 40센티미터 길이의 이 갯지렁이는 특별한 지렁이다. 플라스틱을 먹는다. 리처드 톰슨의 손바닥에서 기어 다니던 단각류가 비닐봉지를 분해하는 것처럼, 한국의 갯지렁이는 스티로폼을 먹고 미세플라스틱으로 잘게 분해해 배설한다.

이 갯지렁이를 특수 촬영을 통해 자세히 관찰해본다. 환경이 바뀌자 낯선지 며칠 경계하던 갯지렁이는 갑자기 그 식성을 드러낸다. 입속에 숨긴 이빨을 꺼내 잔뜩 벌린 후 스티로폼 알갱이 속으로 박는다. 배고팠는지 열정적으로 먹는다. 우물거리다

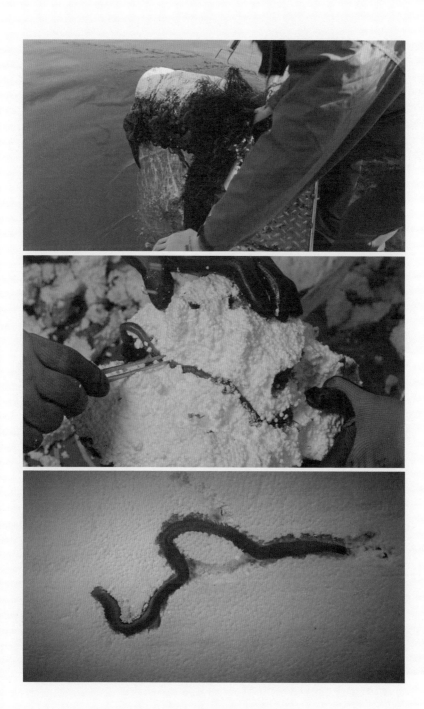

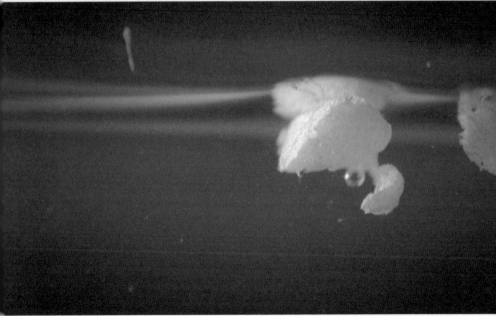

갯지렁이가 분해한 미세플라스틱

가 입으로 뱉어내기도 하고, 몸통을 통과시켜 배설물로 뱉어내기도 한다. 수면에는 작은 미세플라스틱 조각들이 두둥실 떠오른다. 이 발견은 세계 최초로 한국해양과학기술원 연구팀에 의해 이뤄졌다. 자연의 풍화 작용뿐 아니라 생태계 바닥의 생물들에 의해서도 미세플라스틱이 발생하는 것이다. 이 분해된 스티로폼 조각은 부표에 붙어 있던 조개 등 다른 생명체가 먹는다. 부표가 떠 있는 바닷물에 서식하는 물벼룩이나 다른 물고기의 몸속으로도 들어간다. 그렇게 먹이 사슬을 따라 가다가 결국은 인간의 체내에 들어온다.

한국인도 플라스틱을 먹고 있다.

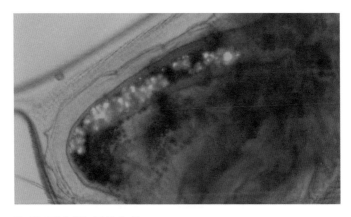

물벼룩의 체내에 들어간 플라스틱

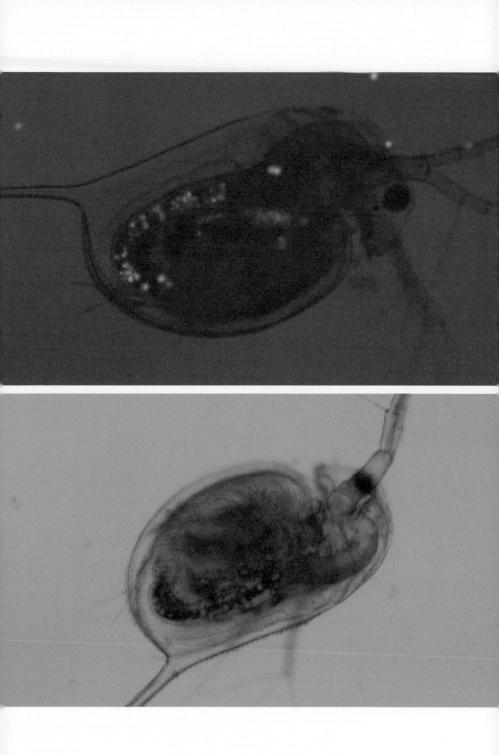

떼까마귀

대한민국은 명백한 인류세 현장이다. 화석연료와 플라스틱을 쓰다가 이렇게 됐으니 한국 사람들은 이 상황의 가해자이자 피해자인 셈이다. 정말 억울한 피해자는 잠시 이 땅을 들렀다가 희생당하는 존재들이다.

철새인 떼까마귀는 매년 10월이면 시베리아, 몽골, 중국 동북부에서 남하한다. 울산에만 10만 마리가량이 내려와 겨울을 나고 간다. 주로 태화강의 대숲에서 지내며 매일 새벽과 저녁에 일사분란하게 군무를 펼친다. 포식자를 피하기 위한 생존 전략인데 워낙 수가 많아 우리나라에서만 볼 수 있는 장관으로 손꼽힐 정도다.

떼까마귀의 주식은 낙곡이다. 한데, 21세기 농촌에서는 낙곡

을 보기 힘들다. 겨울철 벌판에 건초가 쌓여 있던 예전과 달리 요즘 농가들은 겨울철 벌이를 위해서 건초로 곤포 사일리지* 를 만든다. 게다가 농지의 비율도 점점 준다. 철새 입장에서는 땅을 부지런히 뒤져 뭐라도 먹을 것을 찾아야 한다. 우리는 울산에서 매년 떼까마귀를 관찰하고 있는 울산 철새홍보관 관장 김성수 박사와 함께 떼까마귀가 뭘 먹는지 알아봤다.

새벽 6시가 조금 넘은 시간, 태화강 하늘이 떼까마귀로 뒤덮인다. 대숲에서 자다가 일어나 이렇게 다 같이 출근한다. 근처 농지, 멀게는 15킬로미터 밖으로 날아가 먹이 활동을 한다. 이십여 분간 요란한 춤사위가 이어지더니 언제 그랬냐는 듯 태화강은 울산시민공원 본연의 모습으로 되돌아간다. 떼까마귀가 자리를 비운 대숲에 들어가 간밤에 떼까마귀가 토한 펠릿 pellet(소화하지 못한 찌꺼기 덩어리)을 모아서 물에 녹여본다.

"특히나 노란 고무줄이 많습니다. 그리고 비닐, 여기 검은 고무줄도 있네요."

대숲에 없어야 할 고무줄과 비닐은 떼까마귀가 먹이 활동을 하며 섭취한 것이다. 왜 먹었을까? 비가 오거나 다른 이유로 고무줄이 젖어 축축해지면 지렁이처럼 보인다. 먹을 것이 없어 배고파진 입장에서는 현혹되기 쉽다. 철새는 월동지에서 먹이

● 사료용 작물을 곤포로 싸서 진공포장하고 발효시키는 것. 겨울에 논밭에 쌓여 있는 하얀 원통이 곤포 사일리지다.

떼까마귀가 소화하지 못하고 뱉어낸 것들

를 최대한 먹고 영양을 비축해 다시 시베리아로 날아가야 하기 때문에 쉴 새 없이 뭔가를 찾아 먹어야 한다. 고무줄이든 비닐이든 좋아하는 먹이와 비슷해 보이면 먹는다.

씁쓸한 마음에 농경지로 이동해 떼까마귀를 지켜본다. 밭농사용 멀칭비닐을 뒤적거리거나 구멍을 뚫어 부리를 콕콕 박고 있다. 근처의 한 무리는 쓰레기장을 뒤지고 있다. 색색의 고무줄이 눈에 들어온다. 다행히 땅을 헤집던 한 마리가 그냥 지나친다. 오늘은 녀석에게 운수 좋은 날이다. 먹이 활동을 쉬는 사이, 수컷이 암컷에게 다가가 구애를 한다. 계속 따라다니며 털 고르기를 해준다. 정성이 통한 것일까? 잠시 후 두 마리가 서로 부리를 맞비빈다. 사랑하는 모습은 우리나 그들이나 매한가지다. 이 귀한 손님들이 무사히 시베리아로 갔다가 내년에 다시 돌아오기를 바라본다.

GPGP

찰각찰각—

셔터 소리가 요란하다. 샌프란시스코 39번 부두 앞에 떠 있는 한 척의 배에 100여 명의 취재진이 가득하다. 세계 각국에서 몰려든 미디어가 펼쳐놓은 장비들로 갑판이 빼곡하다. 2018년 9월 8일 오전 11시 45분, 24살의 네덜란드 청년이 '하버엠퍼러'라고 써진 이 배에 승선한다. 카메라가 일제히 그를 향한다.

"보얀, 여기 좀 봐주시겠습니까?"

"오늘 기분이 어때요?"

"예감이 좋습니까?"

정리되지 않은 상태로 질문들이 쏟아진다. 카메라 세례를 즐기고 있는 청년의 이름은 보얀 슬랏Boyan Slat. 비영리기업 '오션클린업The Ocean Cleanup'의 창업자이자 CEO다. 아이디어 하나로 3600만 달러, 우리 돈 약 400억 원의 펀딩을 받은 1994년생 사업가. 14세 때 213개의 물로켓을 동시에 발사시키는 행사를 기획해 기네스북에 오르기도 했다.

보얀은 2011년 가족과 그리스 바닷가로 여행가서 다이빙을 하다가 자신 주변을 떠다니는 플라스틱 조각에 충격을 받았다. 왜 아무도 이 쓰레기를 치우지 않는지 이해할 수 없었다. 그는 누가 해결해주지 않는다면 본인이 이 문제를 해결하겠다고 결심한 뒤 바로 실천에 돌입했다. 학업을 중단하고 해양 청소 방법을 고안하기 시작한 보얀은 2년 뒤 오션클린업을 창업하고 자신의 아이디어를 알리며 후원금을 요청했다. 2014년까지 69개국 3800명의 후원자들에게서 250억 원 정도를 모았다. 오션클린업의 1차 목표는 북태평양 거대 쓰레기 지대Great Pacific Garbage Patch, GPGP를 치우는 것이다.

GPGP는 북태평양 플라스틱 쓰레기 '섬'이라고 잘못 알려진 곳인데, 실제로는 섬이 아니라 플라스틱 쓰레기가 떠다니는 해상의 일정한 구역을 지칭한다. 북태평양 대부분을 차지하는 거대한 물의 흐름인 북태평양 아열대 환류North Pacific Subtropical Gyre가 부유물을 싣고 큰 원을 그리며 빙빙 돌다가 특정 구역에 부유물을 모으게 되는데, 이렇게 북태평양의 해양 쓰레기가 모이는 구역을 GPGP라고 부른다. 면적이 약 160만 제곱킬로미터로

텍사스의 2배, 프랑스의 3배, 남한 면적의 15배 크기로 추정된다. 쓰레기의 밀도가 높은 곳이 있고 적은 곳이 있다. 196쪽 위의 지도에서 진한 색깔일수록 높은 밀도를 보이는 곳이다. 서경 135~145도, 북위 30~35도 사이에 가장 집중돼 있다. 사실 부유하고 있는 쓰레기 지대라 위치가 고정되어 있지 않고, 매년 구역이 점점 더 커지고 있기 때문에 정확한 크기와 위치를 특정하기는 어렵다.

오션클린업은 GPGP의 실체를 알기 위해 직접 탐사 활동을 벌였다. 2015년 6월 27일부터 9월 19일까지 GPGP 전역을 항해했다. 한 번에 많게는 30여 대의 배가 일렬로 배치된 상태에서 나아가며 전수 조사를 시도했다. 2016년에는 베트남전에 참전했던 C-130 헤라클레스 항공기를 태평양 탐사에 맞게 개조

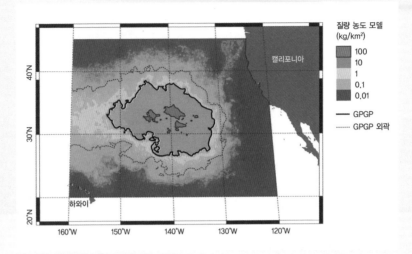

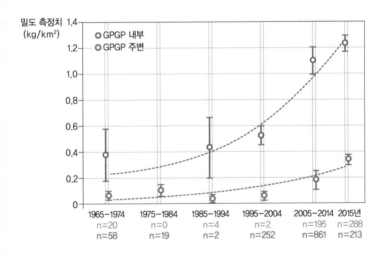

북태평양 거대 쓰레기 지대의 지도와 플라스틱 평균 밀도 변화 추이 (출처: Ocean Cleanup)

해 GPGP 전체 크기와 쓰레기 밀도를 공중에서 조사했다. 조사 결과, 기존에 알려졌던 것보다 4배에서 16배 많은 플라스틱 쓰레기 7만 9000톤이 GPGP에 떠다니고 있음이 밝혀졌다. GPGP로 들어오는 플라스틱 양이 빠른 속도로 증가하고 있었다.

보얀은 2020년까지 이 GPGP를 청소하겠다고 밝혔다. 그가 고안한 방법은 바다에 U자 형태의 움직이는 인공 장벽을 만드는 것이다. 이 벽은 바람, 파도, 해류에 의해서 떠다니는데, 닻을 이용해서 속도를 늦추면 벽보다 빠르게 움직이는 플라스틱 쓰레기가 벽 안쪽에 모이게 된다. 일정 정도 이상의 플라스틱이 모이면 배가 와서 쓰레기를 수거해 육지에서 재활용한다.

그날은 오션클린업이 지난 5년 동안 네덜란드의 북해 등지에서 테스트 해온 세계 최초의 해양 청소기 '시스템 001'을 처음 실전 배치하는 날이었다. 6번의 시제품 개발을 통해 탄생한 이 청소기에 보얀은 '윌슨'이라는 별명을 붙였다. 윌슨은 600미터 길이의 튜브로 만들어진 아주 긴 청소기다. 시험대에 오르는 윌슨이 과연 인류의 과오를 해결할 영웅이 될 수 있을지 많은 언론이 기대와 의구심을 갖고 이 자리에 모였다. 중요한 날이니 만큼 오션클린업은 자체 유튜브 채널을 통해 이날 행사 전체를 네덜란드의 본사와 현지를 연결하며 이원 생방송했다.

샌프란시스코 부두에서 출항한 지 한 시간이 지나자 하버 엠퍼러 호가 금문교를 지난다. 50여 미터 옆에서 대형 선박 뒤에 매달려 GPGP로 향하고 있는 윌슨도 금문교를 통과한다. 보안 슬랏과 금문교, 윌슨을 한 장면에 담기 위한 취재 경쟁이 치열하다. 보안은 그 카메라 세례를 즐기고 있다. 그의 자신감 있는 모습이 보도될수록 펀딩 금액이 올라갈 것이고 오션클린업의 성공 가능성도 그만큼 오를 것이다. 전 세계 누구도 보안처럼 회사를 차려 이 정도 규모의 해양 플라스틱 쓰레기 관련 이벤트를 벌인 적이 없었다. '인류 역사상 최대의 청소.' 오션클린업의 슬로건이기도 하다.

"미처 예상하지 못한 일들이 발생할까 걱정됩니다. 이전에 아무도 하지 않았던 일이잖아요. 조금 더 좋은 차나 조금 더 성능 좋은 비행기를 만드는 일이 아니라 첫 자동차나 첫 비행기를 발명하는 것과 같으니까요."

인터뷰를 하며 보안이 내게 속내를 밝힌다. 그가 염려하는 것은 세 가지. 윌슨이 U자 형태를 유지하며 잘 떠다닐 수 있느냐, 정말 작은 플라스틱까지 모을 수 있느냐, 십 미터가 넘는 높은 파도를 견딜 수 있느냐다. 윌슨이 이 모두를 성공한다면 60대의 윌슨을 추가 투입해 GPGP 전역을 청소할 계획이다.

"동아시아에서 한국은 중요한 위치를 차지하고 있죠. 많은 플라스틱이 한국에서 나오는데, 태평양으로 더 이상 유입되지 않도록 주도적인 역할을 해주길 기대합니다."

쓰레기 수거업체 대표가 아파트 주민에게 말하듯 부드러운

톤으로 보얀이 말한다. 이날 하버엠퍼러호에 탄 아시아 언론은 일본 NHK와 한국 EBS뿐이다.

금문교를 지나고 조금 뒤, 하버엠퍼러호는 샌프란시스코로 뱃머리를 돌린다. 윌슨은 계속 GPGP로 향한다. 이동하는 데만 2주 정도 소요되는데, 중간중간 테스트를 할 예정이라 10월에 실전에 나선다. 이후 계속 소식이 들려온다.

2018년 10월 17일	GPGP에 도착
2018년 10월 24일	첫 플라스틱을 모으는 데 성공
2019년 1월 5일	수리 및 업그레이드를 위해 하와이로 회항 결정 – 모은 플라스틱을 오랜 시간 유지하는 데 어려움을 겪고 파도로 인해 기체가 손상됨
2019년 6월 9일	새 기능을 장착한 '시스템 001/B', GPGP로 출항
2019년 10월 2일	재배치 후 플라스틱이 비교적 잘 모이고 있다고 발표

윌슨은 실패했다. 보얀 슬랏은 계속 도전하고 있다.

5대 거대 쓰레기 지대

거대 쓰레기 지대는 GPGP만 있는 것이 아니다. 북태평양에 있는 GPGP 말고 다른 대양에도 거대 쓰레기 지대가 존재한다. 남태평양, 북대서양, 남대서양, 인도양에 하나씩 있다. 지구 전역에 5개의 플라스틱 쓰레기 구역이 있는 셈이다. 각 대양마다 하나씩 5개의 아열대 환류가 있기 때문에 5개의 거대 쓰레기 구역이 형성된다. 북반구에 2개, 남반구에 3개다.

마르쿠스 에릭센Marcus Eriksen 박사는 이 모든 곳을 다 다닌 사람이다. '5자이어5Gyres'라는 해양환경단체를 설립해 5대 거대 쓰레기 지대를 탐사했다. 그 모든 곳에서 미세플라스틱을 발견해 유리병에 담아왔다.

"이건 인도양입니다. 이건 남태평양이고요."

    잼을 담는 크기의 유리병에 담긴 플라스틱이 그의 손동작에 의해 소용돌이친다. 그는 집의 창고에서 거대한 쓰레기 뭉치를 꺼내 마당에 펼친다.

    "두바이의 한 사막에서 발견한 거예요. 제가 걸프해의 플라스틱 오염을 연구하는 팀에 있을 때 만난 수의사 한 분이 사막으로 절 데려갔죠. 사막 한가운데 낙타 시체가 있길래 갈비뼈를 꺼내 몸속을 살펴보니 이게 있었어요. 한 마리의 위에서 발견된 엄청 큰 플라스틱 더미죠. 대부분 비닐봉지입니다. 당신이 이걸 먹었다고 생각해봐요. 배가 부르지 않아도 배가 부르다고 느끼겠죠. 그러니 영양 결핍과 탈수가 올 테고요. 무엇보다 박테리아가 위에 가득 차 병듭니다. 그 수의사도 플라스틱이 죽이는 낙타가 심각할 정도로 많다고 말하더군요."

    성인 남자 상반신만 한 크기였다. 그 낙타는 비닐봉지가 먹이인 줄 알았을까? 봉지 안에 있는 음식을 핥다가 비닐까지 삼킨 것일까? 알 수 없지만 낙타의 몸속에서 이만 한 크기의 플라스틱 쓰레기가 나온 것은 확실했다.

    "해양 문제만이 아닌 거예요. 육지도 마찬가지예요. 페트병 뚜껑 50개가 평생 당신의 뱃속에 있다고 상상해보세요."

    동물의 뱃속에서 나온 것은 플라스틱 뭉치만이 아니다. 창고 벽면에는 라이터로 만든 서핑 보드가 걸려 있다. 태평양의 외딴 섬, 미드웨이에 사는 거대한 새 앨버트로스의 몸속에서 발

낙타 위에서 발견한 플라스틱 더미(위)와 앨버트로스 몸속에서 나온 라이터로 만든 서핑 보드(아래)

견된 라이터를 엮어 만들었다. 한국에서 5000킬로미터 떨어진 곳이다.

"이것들 중 하나가 한국어일 거예요."

그 말을 듣고 보니 일본어, 중국어 사이에 한국어가 눈에 띈다. ○○다실, □□당구클럽, ××해장국, ○○화재 자동차 보험…. 종목과 지역이 다양한데 전화번호까지 선명하다.

"지금 전화해보세요. 한국 전화 가지고 있죠? 전화해서 당신네 라이터가 새 위장에서 발견됐다고 알려줘요."

에릭센 박사가 농담을 던진다. 부산의 당구장에 걸어볼까 하다 멈칫한다. 정말 전화를 받을까 봐 선뜻 통화 버튼을 누르고 싶지 않다.

6년을 해군에서 근무한 에릭센은 25년 전, 미드웨이에서 앨버트로스가 라이터를 먹이로 착각해서 먹고 죽어가는 것을 보면서 해양 플라스틱 오염 문제의 심각성을 느꼈다. 그는 직업을 바꿔 해양 연구 활동을 하다가 2005년 자신이 만든 배를 타고 GPGP로 갔다. 라이터로 서핑 보드를 만든 것처럼 페트병 등 폐플라스틱을 이용해 배를 만들었다. '쓰레기Junk'라고 이름 붙인 작은 요트는 LA 남부의 롱비치에서 출발해 하와이까지 갔다. 식량은 주로 바다에서 해결했다. 어느 날 전갱이 한 마리를 잡아 배를 갈랐는데 플라스틱이 잔뜩 나왔다. 위가 아몬드만 한 크기였는데 17개의 플라스틱 조각으로 가득 차 있었다.

이 장면을 촬영해 '플라스틱 스시'라는 제목으로 올려 큰 화제
가 되기도 했다. 그 외에도 양식용 플라스틱 통에 살아 있는 쥐
치가 갇혀 있는 것을 발견하는 등 단 88일의 여정에서 많은 증
거를 수집할 수 있었다.

"바다의 모든 쓰레기를 치우는 방법이 있습니다. 쓰레기를
더 이상 유입시키지 않는 거죠. 수도꼭지를 잠그는 겁니다. 만
약 당신의 집 욕조가 물로 넘친다면 물걸레로 바닥을 청소할
겁니까, 아니면 수도꼭지를 잠글 겁니까?"

에릭센 박사가 5개의 환류를 탐사하며 배운 것은 거대 쓰레
기 지대는 플라스틱의 최종 종착지가 아니라는 점이다. GPGP
같은 곳은 플라스틱이 더 작은 입자로 부서지기 전 임시적으로
만 떠 있는 곳이다. 플라스틱은 잘게 부서지면 해안가로 밀려

전갱이의 배에서 나온 플라스틱 조각들

난다. 육지에서 나온 쓰레기가 바다 한가운데에 갔다가 다시 육지로 되돌아가고, 해안에서 나온 쓰레기도 결국에는 해변으로 향한다. 플라스틱은 육지에서 죽는다.

"가서 보면 플라스틱 거대 쓰레기 지대는 섬도 아니고 지대처럼 보이지도 않아요. 작은 조각들로 이뤄진 스모그 같죠. 도시에는 스모그가 있죠. 셀 수 없이 많은 작은 독성 입자들로 이뤄진 스모그 말예요. 그게 바다에도 있는 셈이에요. 수많은 플라스틱 조각과 독성물질로 이뤄져 있거든요."

플라스틱 스모그라는 말은 에릭센이 처음 사용했다. 그 스모그들은 바다를 천천히 배회하다 다시 육지로 밀려 들어온다. 미세먼지로 가득 찬 도시에 그렇게 또 하나의 스모그가 스며든다.

붕인섬

염소

에릭센 박사가 보았던 낙타처럼 다른 육상 동물들도 플라스틱을 먹는다.

붕인섬의 또 다른 주인인 염소. 마을 사람들이 키우는 거의 유일한 가축인데, 주로 쓰레기 청소부 역할을 한다. 음식물 쓰레기를 주로 먹지만 썹히는 것은 웬만하면 다 먹는다. 종이는 그들이 특히 좋아하는 별식. 붕인섬 사람들은 복이 온다는 이유로 염소에게 지폐를 주기도 한다.

쓰레기 수거 차량이 닿을 수 없는 이 마을에서 염소는 '전통적인 폐기물 처리 인프라' 역할을 톡톡히 해왔다. 이 염소들 덕분에 붕인섬은 별다른 쓰레기 문제가 없었다.

플라스틱이 들어오기 전까지는.

만능 청소부인 염소도 플라스틱은 해결할 수 없다. 아무리 물고 뜯어도 이 신기한 물건은 없어지지 않는다. 물론 맛도 없다. 하지만 제대로 된 나무도 몇 그루 없고, 풀 자체가 없는 섬인지라 기근에 시달리는 염소들은 자꾸 플라스틱을 씹고, 개중엔 삼키는 녀석들도 있다. 염소의 뱃속으로 들어가지 않은 플라스틱은 어떻게 될까?

플라스틱 쓰레기를 아침마다 모아서 태우는 주민들이 있다. 쓰레기 전문가인 롤랜드 가이어 교수의 말처럼, 역시 소각은 플라스틱의 존재를 지우는 데 있어서 만큼은 최고의 방법이다.

한데 모두가 이 방법을 쓰지는 않는다. 매캐한 연기가 싫은 주민들은 그냥 쓸거나 버린다. 바다 쪽으로 빗자루질을 하거나, 방치된 플라스틱 쓰레기 더미 위에 소량의 플라스틱을 좀 더하는 것이다.

개인이 한 번에 버리는 플라스틱 쓰레기의 양은 적다. 하지만 섬을 둘러보면 곳곳에 방치된 플라스틱 쓰레기 더미가 눈에 띈다. 쌓인 쓰레기들은 자연 분해되지 않고 바람이나 비에 씻겨 어느 날 바다로 흘러간다.

안드레는 플라스틱이 둥둥 떠 있는 해안가에서 배를 밀어 바다로 나아간다. 마을에서 멀어질수록 플라스틱 쓰레기와 마주치는 빈도는 줄어들지만, 자세히 둘러보면 시야가 닿는 곳 어딘가에는 플라스틱 쓰레기가 하나쯤 보인다.

물속 깊이 들어가도 마찬가지다. 산호 사이사이 흰 비닐봉지, 과자 포장지 등이 박혀 있다. 결국 플라스틱은 바다로 간다. 도시의 삶에 익숙한 우리에게 감춰진 그 사실을 열한 살 안드레는 이미 알고 있다. 안드레만큼이나 순진한 붕인섬은 아직 그 사실을 숨길 준비가 돼 있지 않다.

4장

도시

메가시티

'완전한 승리'라는 이름을 가진 작은 항구 도시가 있었다. 특산물 야자열매를 주로 거래하는 이 항구에 들락날락하던 네덜란드인들이 이곳의 지리적 위치를 눈여겨보기 시작했다. 그들은 16세기 말 이곳에 동인도 회사의 기지를 지어 운하를 만들고 시가를 건설하며 본격적으로 도시를 키웠다. 기반이 갖춰지자 사람이 몰려들고 무역은 번성했다.

도시는 계속 커졌고 1930년대에 인구수가 50만 명을 넘었다. 2차 세계대전이 끝나고 '거대한 가속' 시기와 맞물려 1970년대까지 인구수가 450만 명으로 늘었다. 이제는 서울만 한 크기에 약 1100만 명이 거주하는 메가시티다. 그 도시는 바로 인도네시아의 수도 자카르타다. 보고르 등 인근 도시를 포함한 수도

권을 기준으로 계산하면 3100만 명이 넘게 산다. 처음에 네덜란드인들이 도시를 건설할 때 계산한 적정 인구수는 80만 명이었다고 하니 당시 설계자들이 지금의 자카르타를 보면 까무러칠 일이다.

메가시티는 인구수가 1000만 명이 넘는 거대 도시를 말한다. 보통 위성 도시를 포함하는 생활권역으로 인구수를 계산하는데, 1950년경 뉴욕이 처음으로 이 조건을 충족한 이후로 많은 도시들이 속속 문턱을 넘고 있다. 1980년경 9개, 2020년 기준 35개 도시가 메가시티다. 세계 최대의 메가시티는 도쿄다. 3800만 명이 도쿄권역에 살아간다. 2위가 자카르타(3450만 명)이다. 3위 델리(2950만 명), 4위 뭄바이(2350만 명)에 이어 서울(2200만 명)은 8위다. 아시아에 상위 5개 도시가 몰려 있지만 7위 상파울루(2200만 명), 11위 뉴욕(2100만 명), 13위 카이로(1950만 명), 15위 모스크바(1700만 명), 20위 로스앤젤레스(1550만 명),

33위 파리(1100만 명)까지 북미, 남미, 아프리카, 유럽 모두 메가시티가 자리 잡고 있다(2020년 데모그라피아Demographia 기준).

인류가 이렇게 도시에 모여 산 것은 오래된 일이 아니다. 19세기 초반까지 고작 세계 인구의 3퍼센트가 도시에 살았다. 그로부터 200년 정도 지나 이제 세계 인구의 절반인 40억에 가까운 인구가 도시에 빽빽이 산다. 2050년경에는 이 비율이 70퍼센트로 늘어날 것이다. 세계에서 열 손가락 안에 드는 메가시티 서울을 가진 대한민국은 부산, 대구, 광주 등 다른 대도시까지 포함하면 전 인구의 80퍼센트가 도시에서 살아간다.

공룡이 자연을 누비던 쥐라기 등 다른 지질시대와 인류세를 구별하는 특징은 인간이 불도저로 암석을 이동시켜 인위적인 퇴적물을 만든다는 것이다. 만약 벽돌과 콘크리트로 지어진 이 메가시티들이 무너지고 퇴적되면 지표면 위에 지층으로 쌓일 것이다. 지질학자 얀 잘라시에비치는 1950년대부터 지금까지

만들어진 도시, 건물, 도로의 총 실량을 15~20조 톤으로 추정한다. 인류가 만든 모든 물질이 파도를 통해 옮겨가 지표면을 고르게 덮는 지층으로 쌓이면 10~15센티미터의 깊이가 된다. 우리의 발목 정도 높이로 인류세가 쌓이는 것이다.

대도시에서 살아간다는 것은 인류에게 축복일까? 2019년 12월 신종 코로나바이러스 발생지로 유명해진 중국 우한은 세계 42위(900만 명)의 인구를 가진 도시로 메가시티 진입이 목전이다. 인구가 과밀할수록 질병 확산에 취약하다.

'완전한 승리'의 도시 자카르타 역시 몸살을 앓고 있다. 차량 평균속도가 시속 10킬로미터일 정도로 교통 체증이 심한데, 더 심각한 문제가 있다. 자카르타는 전 세계 연안 대도시의 평균에 비해 2배 빠른 속도로 가라앉고 있다. 반둥 공과대학교 연구팀이 지난 20년간 측정된 지반침하 수치를 토대로 모델링한 결과에 따르면 2050년이 되면 북부 자카르타의 95퍼센트가 해수면 아래로 가라앉는다. 과도한 지하수 개발과 고층 건물 건설 등의 영향으로 지반이 매년 평균 7.5센티미터씩 내려앉고 있다.

자카르타는 지역 대부분에 수도관이 공급되지 않기 때문에 사람들은 지하 깊은 곳의 암반수를 퍼 올려 쓴다. 지하수를 꺼내 쓰면 그 위에 있는 지반은 마치 바람 빠진 풍선처럼 가라앉게 된다. 가뜩이나 고층 건물 개발로 약해진 지반이 푹 꺼지며

침하되는 것이다. 이미 도시의 절반 가까이가 해수면보다 고도가 낮은 상태다. 애초 80만 명이 살게 설계된 곳인데 1100만 명이 지내며 건물을 짓고 물을 쓰면 땅이 버티질 못한다.

문제가 심각해지자 인도네시아 정부는 2019년 8월 26일 동 칼리만탄주州로의 수도 이전을 발표했다. 정부의 계획대로 된다면 자카르타는 더 이상 인도네시아의 수도가 아니다. 새 수도 예정지의 부동산 가격은 이미 치솟고 있다. 포화 상태가 된 메가시티는 새 도시로 대체될 것이다.

미세먼지

우리는 점점 금성 같아지고 있다. 마스크를 쓰고 거리를 활보하는 사람들을 보면 맨코와 맨입으로 숨 쉬기 힘들어진 세상임을 실감한다. 어릴 적 당연하게 생각했던 야외 운동회는 이제 미세먼지 예보에 따라 취소되기 일쑤고, 처음부터 아예 실내 행사로 기획하는 학교도 많다. 교실과 집집마다 공기청정기가 설치되고 마스크가 불티나게 팔린다. 미세먼지 경보가 발령되면 거리는 한산해지고 노약자들은 반강제로 집에 머무른다. 주차 2부제가 시행되고 사람들은 정부를 탓한다. 정부는 중국을 탓한다. 중국은 개선된 중국의 대기질 수치를 제시하며 발을 뺀다.

누구를 비난해야 할지 대상이 불분명한 상황에서 점점 맑다고 체감하는 날이 줄어든다. 푸른 하늘을 그리워한다. 해외로 여행가서 타국의 공항에 내리면 다들 말한다. "공기가 이래야 하는데…." 평균 기온이 올라가고 날씨가 변덕스러워지고 대기 구성이 바뀌는 것은 전 지구적 현상인데, 미세먼지만큼 대한민국이 인류세의 중심 국가라는 것을 잘 보여주는 것도 없다.

미세먼지 경보가 발령된 2019년 1월 14일 촬영에 나섰다. 미세먼지 농도는 183㎍/㎥로 매우 나쁨, 초미세먼지 농도도 110㎍/㎥로 매우 나쁨. 광화문 광장의 이순신 동상 뒷모습이 뿌옇다. 서울역 앞에는 미세먼지에 아랑곳하지 않고 장기를 두는 노인과 소주를 마시는 노숙자들만 눈에 띈다. 강남역에는 학원에서 나온 젊은이들이 마스크를 쓰고 종종걸음을 하고, 경기도행 광역버스를 타야 하는 직장인들이 줄을 서 있다. 한강 공원에는 운동하는 사람이 없다. 미세먼지가 심한 날이면 대도시 서울은 갑자기 활기를 잃는다.

실시간으로 세계의 대기질을 한눈에 볼 수 있는 스마트폰 앱을 켜본다. 한국과 중국, 일본 남부 지방이 제일 안 좋은 축에 속한다. 왜 우리만 이렇게 심할까?

따져보자면, 미세먼지로 대표되는 대기오염은 대부분의 국가에서 나타난다. 정도와 시기의 차이가 있을 뿐 화석연료를 쓰는 한 미세먼지에서 자유로울 수 없다. 미세먼지라는 개념이 비교적 최근에 등장해 과거에는 미세먼지라고 표현을 안 했을 뿐, 영국과 미국 등 산업화가 일찍 시작된 국가들은 스모그로 홍역을 앓고 개선책을 마련해왔다.

우리가 흔히 헷갈리는 미세먼지와 스모그는 입자 크기와 현상의 차이인데 미세먼지는 대기 중에 떠다니거나 흩날리는 먼지 중 입자 크기가 작은 경우를 가리킨다. 지름이 10마이크로미터 이하면 미세먼지(PM10)라 부르고 2.5마이크로미터 이하면 초미세먼지(PM2.5)인데, 초미세먼지는 2000년대 후반 들어서야 연구가 활발해졌을 정도로 미세먼지는 역사가 짧다. 스모그smog는 미세먼지를 포함한 인위적인 대기오염물질이 한곳에 머물러 안개 모양 기체가 된 것을 일컫는다. 1905년 헨리 데 보외Henry Antoine Des Voeux 박사의 논문에 '연기와 안개smoke and fog'라는 말이 나오기 시작한 뒤 스모그라고 부르기 시작했다.

영국에서는 산업혁명의 여파로 공장이 급증하자 전역에서 대기오염이 극심해졌다. 연소 과정에서 황산화물과 일산화탄소가 그대로 배출됐고, 1952년 12월 1만 2000명이 숨진 '런던 그레이트 스모그' 사건이 터졌다. 가시거리가 1미터도 안 돼 경찰이 횃불로 교통정리를 하는 사진은 스모그의 위험성을 알린 역사적 기록이 됐다. 미국 로스앤젤레스에서는 자동차 배기가스로 인해 황갈색 스모그가 발생했다. 엔진의 연소반응에서 나온 질소산화물은 대기 중의 탄화수소, 수증기와 만나며 오존을 만든다. 로스앤젤레스에서는 1943년부터 맑은 날씨에 스모그

런던 그레이트 스모그

가 계속 생기더니 1948년 10월엔 20명 이상 숨지고 6000명 이상이 호흡기 질환으로 고통받기도 했다. 가축과 농작물 피해도 컸다. 1940년대에 자동차가 10년 만에 3배로 늘어난 것이 화근이었다.

이후 1956년 영국은 대기오염청정법을 제정해 황의 배출을 제어하기 시작했다. 로스앤젤레스도 자동차 배기가스를 줄이기 위해 연방환경청보다 훨씬 강력한 배기가스 배출 규제를 시행하면서 스모그 도시라는 오명을 벗었다. 또한 캘리포니아주는 대기오염을 줄이기 위해 캘리포니아 대기자원위원회CARB를 설립해 60년 넘게 연구를 해오고 있다. 자동차 제조사들의 기술 개발까지 더해져 이제 로스앤젤레스의 연평균 초미세먼지 농도는 한국의 절반에 못 미친다.

프랑스와 이탈리아, 스페인도 스모그로 몸살을 앓고 있는데, 이 중 프랑스 파리는 2000년대 이후 스모그 발생이 늘자 강력한 교통 정책을 펼쳤고 2016년부터는 경유차 퇴출에 나섰다. 친환경등급제를 시행해 2000년 이전에 등록된 노후 경유차는 파리 시내운행을 제한했다. 유럽에서 제일 경유차가 많은 국가 중 하나였던 프랑스는 대기오염이 더 심해지기 전에 먼저 움직인 경우다.

편의상 공장이 주원인이면 런던형 스모그, 자동차가 원인이면 LA형 스모그라고 부른다. 우리나라는 복합형이다. 공장과 가정에서 매연이 나오고 디젤을 태우는 차가 오염물질을 뿜으며 도로를 누빈다. 게다가 중국의 공장과 차량에서 배출된 미세먼지가 바람을 타고 우리나라로 날아와 국내에서 발생한 미세먼지와 함께 도시를 뿌옇게 채운다. 편서풍이 불어 주변국의 영향을 상시적으로 받는 지리적 요인, 강수량이 여름에 편중되는 기상 조건, 대륙성 고기압으로 대기 정체까지 잘 발생하는 등 여러 요소가 복합적으로 작용해 이제는 미세먼지가 가장 심하게 발생하는 국가 중 하나가 됐다.

　이제야 대책 수립을 고민하기 시작한 대한민국. 언제까지 KF마스크를 차야 하는 것일까? 이 중대한 질문에 대한 답은 굉장히 간단하다. 우리가 얼마나 친환경적으로 바뀌는지에 달려 있다. 화석연료를 덜 쓰는 것이 가장 빠른 길인데, 국가 정책적으로는 석탄 화력발전소를 없애고 재생에너지의 비율을 얼마나 높일 수 있느냐, 석유를 태우는 차량을 어떻게 친환경 차량으로 전환시키냐 같은 문제다. 시민들은 전기를 덜 쓰고 자동차를 덜 타면 된다. 간단하면서도 어려운 해결책이다. 국가 입장에서는 경제 발전에 도움이 안 되고, 개인 입장에서는 불편하다. 그래서 계속 문제를 방치해왔고 결국 이 지경이 됐다. 과연 우리는 '경제 발전'과 '편리함'을 포기할 수 있을까?

인류세는 생물권, 수권, 암석권, 대기권 등 지구를 구성하는 여러 권역에서 인간의 활동이 한계치를 넘어서고 있음을 의미하는 용어다. 그중 대기오염처럼 도시인들에게 직접적인 피해를 끼치는 경우는 드물다. 대도시에 살면 생물다양성이 감소해도 잘 모르고, 정수된 물을 사용하며, 여름 휴가 기간에나 산성화된 바다로 놀러 간다. 변하고 있는 지구 현장을 외면하기 쉬운 생활 방식 속에서 어떻게 해도 차단되지 않는 것이 공기다. 지금의 국가 정책과 생활 방식을 포기하지 않는 한 우리가 미세먼지 재앙 앞에서 할 수 있는 것은 기껏해야 마스크를 쓰거나, 창문을 닫고 공기청정기를 틀어놓는 정도다. 금성에 간 우주인도 비슷할 것이다. 선체 안에서만 편하게 숨 쉴 뿐 밖으로 나갈 때는 기능성 헬멧을 착용해야만 한다. 더 나아질 길이 있음에도 우리는 점점 금성 같아지고 있다.

축제

어둠을 밝히면서 문명이 시작됐다. 인류세를 이해하려면 인류 문명의 한복판으로 들어가야 한다. 그래서 인도를 찾았다.

세계 최대의 빛의 축제 '디왈리Diwali'. 디왈리는 행운의 여신 락슈미, 파괴의 여신 칼리, 최고신 비슈누 등 힌두 신들을 섬기는 축제로 힌두교 3대 축제 중의 하나다. 우기가 끝나고 건기가 시작되는 시점이라 더럽고 습한 것을 몰아내고 깨끗한 것을 들인다는 의미도 있다.

디왈리 축제는 5일간 진행되는데 3일째가 절정이다. 어둠을 밝히는 폭죽놀이가 전국적으로 열린다. 12억 인구 전체가 어찌나 격렬하게 불꽃을 터뜨리는지 다음 날 도시 전체가 희뿌옇다. 단 하루 동안의 불꽃놀이로 미세먼지가 급증하자 인도 정부도 이를 제한하기 시작했다. 우리가 촬영을 하러 간 2018년에는 대법원에서 델리의 폭죽놀이를 딱 두 시간만, 그것도 대기에 유해하지 않은 친환경 폭죽만 허용했다.

디왈리 축제 첫째 날 인도에 도착했다. 스마트폰의 대기질 현황 앱으로 찾아보니 델리 시내의 대기질 지수AQI는 250이었다. 우리나라는 100만 넘어도 미세먼지가 심하다고 미디어에서 난리가 나는데, 역시 델리는 베이징과 더불어 미세먼지로 악명 높은 도시다웠다. 그런데 여기서 불꽃놀이 좀 한다고 수치가 얼마나 올라갈까? 의구심이 마음속 한구석에 들었다.

축제의 첫날은 '단테라스Dhanteras'라고 불리는데, 집을 새로 단장하며 등불을 집안 곳곳에 놓는다. 집을 방문하는 락슈미 여신을 환영하기 위해 랑골리Rangoli라고 하는 전통 문양을 정성스럽게 바닥에 그려놓는다.

축제 둘째 날은 '초티 디왈리Choti Diwali', 즉 작은 디왈리라고 불린다. 시장에 가니 축제에 쓸 장식품을 사는 사람들로 북적인다. 형형색색의 꽃부터 질그릇 촛대까지 인도 사람들은 물품을 사는 데 돈을 아끼지 않는다. 델리 시내에서는 불꽃놀이용 폭죽을 잘 팔지 않는데, 시내를 벗어나자 폭죽을 파는 모습이 곳곳에서 보인다.

축제 셋째 날, 디왈리다. 사원을 다녀온 사람들이 오후부터 집을 열심히 꾸미기 시작한다. 가족들이 정겹게 모여 명절을

준비하고 마을 사람들이 서로의 집을 방문한다. 마치 우리의 설 명절 같은 분위기.

저녁이 되자 거리 곳곳에서 폭죽 소리가 들리기 시작한다. 폭죽 사용이 공식적으로 허용된 8시가 되자 사람들이 옥상으로 올라간다.

휘— 펑!

어둠 속에 한 줄기 빛이 솟아오르더니 몇 초 후 팡 터진다. 하나둘 폭죽이 터지기 시작하더니 십여 분이 지나자 여기저기서 쉴 새 없이 소리가 터진다. 마치 전쟁이라도 난 것처럼 요란하고 시끄럽다. 불꽃의 크기가 큰 걸로 보아 정부의 제한 사항을 어긴 폭죽도 많이 사용되고 있다.

밤 10시는 불꽃놀이가 끝나야 하는 시간. 축제를 끝내기 아쉬운지 불꽃이 여기저기서 미친 듯이 터진다. 10시가 넘어서도 불꽃놀이가 꽤 이어지더니 자정이 돼서야 멎는다.

우주에서 인공위성으로 찍은 인도의 밤 사진이 디왈리 당일의 모습이라며 세계적으로 오보가 난 적이 있었다. 직접 관찰한 디왈리의 밤은 진짜 우주에서 보일지도 모른다는 착각이 들 만큼 강렬했다. 이날의 불꽃놀이로 수도권 인근에서만 5000톤의 화약이 터졌다.

다음 날, 눈을 뜨자마자 차를 타고 거리로 나선다. 대기질 앱을 켠다. 맙소사. 고장 난 게 아닐까? 대기질을 나타내는 숫자

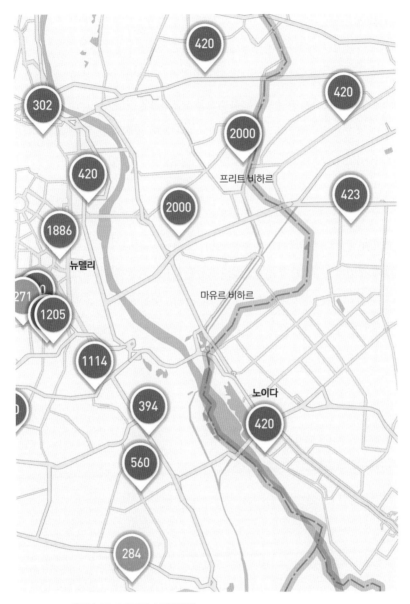

최평순 PD 스마트폰 스크린 캡처

가 2000이다. 다른 곳으로 이동해보니 마찬가지로 2000. 동네마다 달랐지만 1200인 곳도 있고 1400인 곳도 있다.

알고 보니 앱에서 표시가 가능한 최대치가 2000이다. 실제로는 얼마인지 알 수가 없다. 육안으로 봐도 확연히 느껴질 만큼 대기질이 좋지 않다. 코와 목이 따가운 것은 당연하고 호텔로 돌아와 벗은 마스크는 시꺼멓다. 면봉을 귀에 넣었다 빼면 새까맣다.

이 공기 속에서 노숙하는 사람들이 눈에 띈다. 환경오염은 모두에게 공평하게 피해를 주지 않는다. 델리의 미세먼지로 인해 델리 시민의 수명이 평균 4년 정도 줄어든다는 연구 결과도 있다. 축제의 끝은 문명을 향유한 뒤 인류세를 맞은 인류의 운명을 닮았다.

불꽃놀이 다음 날 미세먼지가 급증한 델리 풍경

매립지

델리 인근에는 3개의 큰 쓰레기 매립지가 있다. 오클라Okhla, 가지푸르Ghazipur, 발라스와Bhalaswa인데, 그중 디왈리 불꽃놀이 행사 전날 가지푸르를 방문했다. 1700만 명의 델리 시민이 배출하는 쓰레기가 어마어마하겠지만, 세 군데로 나눠서 매립한다고 하니 각각의 매립지는 삼등분된 규모라고 볼 수 있다. 그런데 처음 간 델리 동쪽의 가지푸르만 해도 크기가 엄청났다. 축구장 40개 정도의 넓이에, 높이는 65미터(2019년 여름 기준)에 도달했다는데 지금쯤이면 유명한 문화유산인 타지마할(73미터)보다 높아졌을 수도 있다. 1984년 문을 열고 2002년 이미 수용 한계치를 넘었는데도 매일 수백 대의 트럭이 2000톤의 쓰레기를 담고 가지푸르로 온다.

디왈리 축제 불꽃놀이 다음 날에는 델리 북쪽의 발라스와 매립지로 향했다. 도로를 달리는데 멀리서 거대한 쓰레기 산이 등장한다. 이 산의 높이는 62미터인데 가지푸르와 마찬가지로 수용 한계치를 넘어선 지 오래고(2006년), 하루 2000톤의 쓰레기가 들어온다. 다른 점이라면 매립지 내에 소가 많다는 것. 풀을 뜯어먹어야 할 소가 쓰레기를 먹고 있고 그 위로는 새 떼가 날아다닌다.

특히 이날은 불꽃놀이 다음 날이라 축제에 사용되고 버려진

쓰레기가 곳곳에 눈에 띈다. 집을 꾸미는 데 쓴 꽃과 초, 폭죽 쓰레기 등이 알록달록하게 널브러져 있다. 쓰레기에서 발생하는 메탄가스로 인해 가뜩이나 화재가 빈번한데, 디왈리 축제 기간에는 폭죽 쓰레기가 점화하는 바람에 불이 더 많이 난다. 실제로 우리가 촬영하고 있는 와중에도 쓰레기 산 여기저기에서 연기가 크게 일어난다.

화재가 일상이라 작업에 큰 지장을 주지 않는지 무심한 표정의 사람들. 트랙터가 쓰레기를 한쪽으로 밀면 피커picker라고 불리는 작업자들이 달려들어 쓸 만한 물건이 있는지 찾는다. 소와 새도 먹이를 찾아 몰려든다.

인도 도시에서 쏟아져 나오는 쓰레기는 연간 6200만 톤. 게다가 빠른 속도로 늘고 있다. 쓰레기 산은 점점 높아진다. 문명의 그림자를 외면하는 사이 홀로세는 그렇게 인류세가 됐다.

메이드 인 코리아

현대 선진 자본주의 국가라면 자고로 쓰레기 정도는 잘 감춰야
할 암묵적인 의무가 있다. 국민들은 더러운 것을 보기 싫어한
다. 내가 사용하고 버리는 것들의 끝을 굳이 알아야 할 필요가
없다. 소비의 진실을 알리는 것은 자본주의 시스템에게 있어서
도 득이 될 것이 없다. 우리는 더 많이 사고 더 많이 버려야 한
다. 그래야 돈이 돌고, 경기가 좋아지고, 국가가 발전한다.

우리가 자는 사이 쓰레기 수거 차량이 골목골목을 다니고,
아침이 되기 전에 모든 쓰레기 수거 및 청소가 끝난다. '샛별 배
송'의 원조는 '샛별 수거'라 할 만하다. 수거한 쓰레기는 도심
외곽에 위치한 매립지에 모이는데, 밖에서 잘 보이지 않게 쓰
레기를 쏟자마자 바로 흙으로 덮어서 가린다. 전 과정이 은밀

하고 신속하다.

개발도상국 인도는 이 규칙을 잘 지키지 못했다. 그래서 대한민국 교육방송 다큐멘터리 제작진의 표적이 됐다. 여타 미디어와 콘텐츠 제작자들이 선진국이 감추는 것을 보여주기 위해 개발도상국과 후진국으로 향하는 이유이기도 하다.

1인당 국민소득이 3만 달러가 넘는 OECD 회원국 대한민국에게 있어 2018년과 2019년은 굴욕적인 해였다. 보이지 말아야 할 것을 보여버렸는데, CNN 등 해외 메이저 언론에서 대서특필하는 바람에 국제적 망신을 톡톡히 샀다. '비닐 대란', '필리핀 불법 수출 쓰레기', '의성 쓰레기 산' 등 자극적인 헤드라인의 기사가 연일 보도되었다.

모든 것은 중국에서 시작됐다. 세계 최대의 플라스틱 쓰레기 수입국이던 중국이 2018년 1월 1일부터 플라스틱 쓰레기를 (단계적으로) 받지 않겠다고 선언한 것이다. 그동안 유럽연합은 폐플라스틱의 절반을, 영국은 3분의 2를 중국과 홍콩에 수출해오고 있었다.

꽤 좋은 값에 플라스틱 쓰레기를 수입해 재활용 원료로 사용하던 중국이라는 거대 시장이 사라지자 수요-공급 법칙에 의해 플라스틱 폐기물의 단가가 급격히 떨어졌다. 재활용 시장은 얼어붙었고 폐기물 수거 업체는 수거·처리 단가와 판매 단가의 수지타산이 맞지 않자 급기야 수거 거부를 선언했다. 중국의 수입금지 조치가 시행된 지 3개월도 되지 않아 한국에는 '비닐 대란' 사태가 터졌다.

여기서 그치지 않았다. 플라스틱 쓰레기가 갈 곳을 잃은 상황을 악용하는 사람들이 속속 나타났다. 플라스틱 폐기물 수출 절차의 허점을 이용해 플라스틱 쓰레기의 내용물을 속여 필리핀으로 불법 수출했다가 필리핀 당국에 적발돼 해당 쓰레기가 한국으로 반송되는 일도 있었다. 깨끗한 플라스틱 쓰레기만 담겨 있다고 신고해놓고 실제로는 생활 쓰레기와 의료 폐기물을 섞

어 수출한 사실에 필리핀 정부와 국민이 분개하자 대한민국 정부가 세금을 써서 마닐라 항구에 방치되어 있던 컨테이너를 다시 들여왔다.

2019년 2월, 설 연휴를 맞아 반송된 쓰레기가 마치 명절 선물처럼 평택항에 도착했다. 컨테이너 문을 열자 ○○배즙, □□라면 등 한글이 적힌 포장재들이 가득하다. 이 쓰레기들은 일부에 불과하다. 지금도 (2020년 1월 기준) 필리핀 민다나오 섬에는 당시 수출된 '메이드 인 코리아' 폐기물이 가득하다. 예산 등의 이유로 반송 절차가 지연되면서 5000여 톤의 쓰레기가 아직도 필리핀에 머물러 있다. 일 년 넘게 방치된 쓰레기 산에서 나오는 악취에 주민들은 고통을 호소한다.

필리핀 불법 쓰레기 수출이 이슈화되면서 수출 길이 막히자 대한민국 곳곳에 쓰레기 산이 생겨났다. 일부 비양심적인 재활용 처리 업자들이 중간 업체로부터 수거 비용을 받고 쓰레기를 모아놓고, 처리 비용을 아끼기 위해 내용물을 속여 수출하거나 아니면 국내의 땅값이 싼 곳, 야산 등지에 불법적으로 쌓아놓는 수법을 썼다. 그런데 쓰레기 문제가 연일 보도되자 나 몰라라 도망가는 경우가 늘어난 것이다.

소식을 접하고 한번 찾아볼까 싶어 인천항 부근을 탐사했다. 일대를 돌아보니 수상한 풍경이 금세 눈에 띄었다. 컨테이너가 이층으로 겹쳐진 상태로 사면을 성처럼 빙 둘러 내부를 볼 수

필리핀 민다나오섬에 쌓인 한국산 쓰레기

없게 감싸고 있었다. 드론을 띄워 안을 보니 플라스틱 쓰레기 산이 모습을 드러냈다.

경북 의성은 마늘, 컬링 대신 플라스틱 쓰레기 산으로 외신을 장식했다. 이곳은 본래 재활용 사업장으로 등록돼 있던 곳인데 허용치 2000톤을 80배 초과한 17만 3000여 톤의 플라스틱 쓰레기가 산을 이뤄 국제적 관심을 샀다. 이 일이 대한민국 국가 브랜드에 먹칠을 하자 대통령이 2019년 안에 의성 쓰레기 산을 처리하라는 특별 지시를 내릴 정도였다. 반년 넘게 치웠지만 삼분의 일 정도밖에 해결 못해, 아직도 11만 톤의 쓰레기가 쌓여 있다(2020년 1월 기준).

중국의 플라스틱 쓰레기 수입 금지 조치가 발생시킨 균열은 불과 2년 사이 현대 선진 자본주의 국가들이 감추고 있던 것들을 하나씩 드러냈다. 어쩌면 그것은 처음부터 완전하게 가릴 수 없는 것이었을지도 모른다.

필리핀에서 평택항으로 반송된 한국산 쓰레기

인천항의 쓰레기 산

야무나강

설거지가 끝나는 순간, 변기의 물을 내리는 순간, 우리는 물의 흐름을 놓친다. 깨끗한 상수와 달리 하수는 더러운 탓에 하수 처리 역시 은밀한 시스템을 거친다. 인도 수도 델리는 그 시스템이 잘 작동하지 않아 환경오염이 심각하다.

델리를 관통하는 야무나강Yammuna River을 찾게 된 것은 우연이었다. 델리 외곽의 쓰레기 매립지를 촬영하고 오던 길, 현지 코디네이터가 보여줄 곳이 있다며 우리를 강으로 데려갔다. 야무나강은 갠지스강의 최대 지류로 히말라야에서 출발해 델리를 지나 타지마할이 있는 아그라를 거쳐 1370킬로미터를 흘러가는 큰 강이다. 인도 사람들이 갠지스강과 더불어 신성시하는 인도의 젖줄이다.

야무나강에 도착해 처음 눈에 들어온 것은 하얀색 덩어리들. 빙하가 잔뜩 떠내려 오고 있다. 눈을 의심한다. 강에서 빙하가 떠내려올 리가 없지 않은가? 자세히 관찰하니 바람이 불 때마다 형태의 일부가 움직인다. 거품이다.

드론을 띄워본다. 모니터 화면을 꽉 채운 거품의 행렬. 신기한 건, 다리를 기점으로 그 위에는 거품이 없는데 다리 밑으로는 거품이 가득하다는 것이다.

"강물에 포함된 화학물질이 다리 밑의 보 구조물을 지나면서 낙차에 의해 거품 형태로 바뀌는 걸 거예요."

현지 코디네이터가 그 이유를 설명해준다.

처음 보는 광경에 항공 촬영도 하고, 방송용 카메라로도 촬영하고 있는데 어느 한 가족이 강가에서 무엇인가에 열중하고

있다. 초에 불을 붙여 강물에 띄워 보내고 기도를 하는 여자. 눈물을 흘리는 것으로 봐서 추도 의식 같았다.

"여기가 어머니 강이라서 그래요. 델리 사람들은 이 강에 와서 많은 의식을 치릅니다."

신성한 의식을 치르는 가족의 모습과 흰색 거품이 겹쳐 보이는 장면이 비현실적으로 느껴진다.

도대체 수도를 관통하는 어머니 강이 왜 이렇게까지 오염된 것일까? 인도는 하수 처리 시설이 턱없이 부족해 상당량의 오폐수가 그대로 하천으로 들어가는데, 경제가 발전하면서 산업체에서 배출되는 폐수량이 빠르게 증가하고 있다. 산업폐수에는 생활하수와 다르게 각종 병원균, 독성 화학물, 중금속이 대량 함유되어 있다.

촬영을 계속하고 있는데 오토바이 한 대가 오더니 사람이 내려 여기저기를 둘러본다. 호기심에 말을 걸어보니 그는 자신을 연구자로 소개한다. 야무나강 하류 쪽 강가에 사는 델리 주민들이 알 수 없는 병에 시달리고 있어서 원인을 조사하기 위해 상류 쪽으로 이동하면서 조사하는 중이라고 한다.

그 말을 듣고 주변을 둘러보니 강 양쪽으로 농작물이 꽤 보인다. 물론 농작물 주변에 민가도 듬성듬성 있다. 이 오염된 강물을 그대로 농업용수나 생활용수로 쓰는 사람들이 있는 것이다. 실제로 야무나강의 물을 길어 재배한 채소는 중금속에 노출되어 있어 건강에 치명적이라는 연구 결과도 나왔다. 인도 당국도 야무나강의 오염이 너무 심해지자 천문학적인 돈을 들여 정화하는 중인데 큰 진전을 보지 못하고 있다고 한다.

이제야 이해가 됐다. 이 모든 풍경이 어떻게 생겨난 건지.

델리를 거치는 것이 야무나강에게는 재앙인 셈이다. 강줄기의 2퍼센트만 델리에 속해 있지만, 오염물질의 70퍼센트가 델리에서 유입된다. 인류 문명은 주로 큰 강 주변에 도시가 생기며 시작됐고 지금도 강과 해변에 도시가 자리 잡는 것은 마찬가지다. 그렇다면 이것은 인도 델리만의 문제가 아니다.

붕인섬

부동산

붕인섬의 바자우족은 독특한 양식으로 집을 짓는다. 이층집을 짓는데 나무를 주재료로 기둥을 세우고 나뭇잎으로 기둥 사이를 막는다. 이층이 생활공간이고 일층은 작업공간이다. 바다에서 살아가는 민족답게 일층에는 언제든 출항할 수 있게 배가 한두 대씩 놓여 있다. 이층이 태양의 열기를 막아주기 때문에 일층은 상대적으로 시원하다. 무더운 낮에는 다들 일층 작업공간의 평상에서 쉬고 있는 모습을 볼 수 있다.

무엇보다 이 집들은 산호 위에 세워진다. 주춧돌이 죽은 산호다. 산호는 바다에 나가면 쉽게 구할 수 있어 건축 자재로 쓰여 왔다. 무엇보다 벽돌보다 싸다.

마지는 죽은 산호를 캐는 68세 노인이다. 그는 말한다.

"붕인섬 삼분의 일 정도는 내가 만들었어."

새로 짓는 집들은 주로 바닷가 외곽에 들어서는데, 본인이 그 건축 자재를 대면서 섬이 커지는 데에 일조했다는 것이다. 실제로 섬을 돌아보면 집이 들어서기 전 미리 자리를 선점하기 위해 죽은 산호를 단단히 뭉쳐 주춧돌만 놓아서 터를 잡아둔 곳이 곳곳에 눈에 띈다.

왜 산호를 캐기 시작했냐고 물어보니 뜻밖의 답이 돌아온다.

"그것 말고는 할 게 없었어."

마지는 바자우족이 아니다. 바자우족 여자를 만나 장가 온 내륙의 부톤족이다. 그러다 보니 어업이 주된 생계 수단인 이곳에서 다른 방식으로 돈을 벌어야 했다. 사람이 계속 모여드는 붕인섬은 새로운 집들을 계속 필요로 했고, 마지가 산호를

캐는 족족 팔렸다.

"쇠꼬챙이로 바닥을 찌르면 들려. 둔탁한 죽은 산호 소리. 죽은 것과 산 것은 소리가 확연히 다르거든."

30년 넘게 산호를 캐온 장인을 따라 바다에 나간다. 보트 모터에 시동을 걸고 이십여 분을 달리더니 배를 세운다.

쇠꼬챙이로 바다 밑바닥을 툭툭 찔러보는 마지 노인. 죽은 산호를 찾자 대각선으로 쇠꼬챙이를 찔러넣더니 발로 밟아 지렛대 원리를 이용해 산호를 뽑아낸다. 그러고는 두 손으로 배 위에 올려놓는데 무게가 꽤 나간다. 한 번에 올려놓기 힘들 정도로 큰 산호는 망치와 정을 이용해 쪼개서 올려놓는다. 한 번 작업을 시작하자 우리는 안중에 없는지 계속 죽은 산호를 찾고 올려놓기를 반복하는데, 온 몸에 땀이 줄줄 흐른다. 시시포스 신화의 시시포스가 땅으로 떨어지는 돌을 다시 꼭대기로 올리

듯 반복되는 노동. 두 시간이 지나자 배가 한가득하다. 이렇게 보트 하나를 채우면 우리 돈으로 6000원에서 7000원 정도를 받는다고 한다.

마지의 벌이가 계속될 수 있었던 것은 붕인섬의 부동산 경기가 수십 년간 계속 좋았기 때문이다. 최근에는 한 해 서른 쌍 정도의 부부가 결혼한다. 10×12미터 크기의 땅 서른 개가 매년 필요한 상황.

"처음 내가 왔던 1981년도에는 이쪽에 집이 없었어. 이제는 집들이 꽉 들어찼으니 저쪽으로 또 섬을 확장하겠지."

수요가 계속 되자 경쟁 업자들이 생겼고, 산호를 캐는 일도 갈수록 힘들어지고 있다. 점점 더 깊은 바다로 가서 산호를 캐고 있다. 예전에는 섬에서 가까운 곳에서 죽은 산호를 구했는데, 자재가 바닥나 이제는 더 멀리 나가고 있다. 배로 오 분 갈 거리가 이십 분이 됐다.

마지 노인이 산호를 구하러 가는 거리가 붕인섬에서 멀어질 수록 바다도 그만큼 지치고 있는 것이다.

붕인섬

변화

지구 차원의 문제를 해결하는 것은 물론 매우 어려운 일이다. 당장 기후 변화 문제만 하더라도, 1992년 브라질 리우의 유엔 환경개발회의에서 기후변화협약을 채택한 이후 사반세기 동안 국제사회가 문제 해결을 위해 머리를 맞대고 있지만 마땅한 해결책을 내놓지 못하고 있다. 25번째로 열린 2019년 당사국총회 (COP 25, 마드리드에서 개최)도 192개국 간 깊은 분열 속에 빈손으로 끝났다. 오히려 그 사이 탄소배출량은 계속 증가해 기후 변화는 더 심각해졌다. 타임지 선정 2019년 '올해의 인물'인 십대 소녀 그레타 툰베리가 어른들을 공개적으로 꾸짖은 이유도 국제 사회가 기후 변화에 안일하게 대처하고 미온적으로 행동하면서 시간만 낭비하고 사태를 키웠기 때문이다.

국가 간 이해관계가 첨예한 지구촌이 아닌, 붕인섬처럼 작은 사회라면 재난 상황에서도 희망을 엿볼 수 있지 않을까?

　붕인섬 청년위원장 티손 사하부딘은 4년 전 위기를 느끼고 선언했다 .

　"머지않아 붕인섬은 소멸될 겁니다!"

　티손의 유년시절은 안드레와 비슷했다. 물속이 편안했고, 머리가 빨갛게 되도록 돌아다녔고, 씻으려고 보면 피부가 벗겨졌고, 배 타고 멀리까지 나가 그물을 던지곤 했다. 그는 성장기를 거치며 심상찮은 변화를 감지했다. 바다가 예전 같지 않았다. 왜 그럴까? 궁금해진 티손은 마을 사람들을 만나 이야기를 듣고, 바다 곳곳을 다니며 일 년 동안 탐문 조사를 했다. 그가 내린 결론은 붕인섬은 지속 가능하지 않다는 것이었다.

　"붕인섬에는 크게 네 가지 문제가 있어요. 첫째는 물고기죠.

어부가 90퍼센트인 이 섬에서 어부는 계속 늘어나는데 바다는 그대로예요. 잡을 수 있는 물고기가 많이 줄었어요. 예전에는 물고기가 집 뒤까지 와서 창문을 열고 낚시하곤 했었는데 다 옛날이야기가 돼버렸죠. 둘째는 땅. 매년 30쌍의 신혼부부가 탄생하는데 집 지을 곳이 없어요. 출산율도 높아서 한 집에서 아이를 6명씩 낳곤 해요. 정부는 두 자녀 산아제한 정책을 펼치는데 여기 문화는 많은 아이를 출산할수록 행운과 신의 축복이 따른다고 생각해서 안 따르죠. 셋째, 상수도입니다. 섬이다 보니 물을 외부에 의존하는데 원활한 물 공급이 잘 안 돼요. 마지막으로 길입니다. 집이 너무 다닥다닥 붙어 있어 길이 좁은데, 이게 큰 화재로 이어질 위험이 커요. 불이 났을 때 40퍼센트의 집이 전소된 적도 있어요."

티손은 4년 전부터 마을 청년들과 함께 행동에 나섰다. 가장 먼저 파괴적인 어업 방식부터 시작했다. 당시만 해도 폭약을 터뜨려 물고기를 잡는 어업 행위가 빈번했다. 폭탄 어업은 엄연히 불법이고 위험하지만, 한 번에 많은 물고기를 잡아 돈을 벌 수 있다는 유혹에 넘어간 어부가 붕인섬에만 10명이 넘었다.

성냥불을 켜더니 몇 센티미터의 액체가 출렁이고 있는 맥주병에서 삐져나온 도화선에 불을 붙여 던졌다. 약 20미터 정도 멀지 않은 곳에서 귀가 멍멍할 정도의 폭발이 뒤따랐다. 사나운

물보라가 일었고, 발밑 선판이 흔들거렸다. 사방이 크고 작은 고기 시체들로 가득했다. 수면에 떠 있거나 가라앉고 있는 물고기들. 모두 눈에 핏발이 서 있었다. 미친 듯이 퍼덕거리는 물고기도 있었다.

– 『바다를 방랑하는 사람들』에서 밀다 드뤼케가 묘사한 폭탄 어업

티손과 청년들은 그들을 만나 설득했다. 불법적인 행위라 설득이 쉬울 줄 알았는데 돈과 직결되는 문제다 보니 반발이 거셌다.

"폭탄으로 물고기를 잡던 어부 중 하나가 저를 해코지하려고 경찰에 다른 걸로 트집 잡아 신고한 적도 있어요. 총 든 경찰이 저희 집에 찾아왔었죠."

지역 정부에 해당 사실을 알리며 관련 권한을 일정 부분 위임받았다. 시간이 지나며 주민들의 인식도 서서히 바뀌기 시작해 불법 어업 행위는 많이 줄었다. 폭탄 어업을 하는 사람은 두 명 정도만 남았다. 하지만 더 큰 문제는 섬 전체의 어업 규모에 있었다. 전통적인 방식에서 산업적인 방식으로 도구와 기술이 바뀌고, 어선의 수가 증가한 것이 근본적인 문제였다.

티손은 본격적으로 정치에 뛰어들었다. 지역 발전위원회 선거에 나가 청년위원장을 맡고 바자우족 연합회와 인도네시아 해양협회에서 대외 활동을 하며 붕인섬에 맞는 방법을 찾았다.

답은 양식업이었다. 경제성이 높은 진주와 물고기 양식을 장

러했다. 매일 밤, 조업을 마치고 돌아온 어부들을 만나 양식업의 장래성에 대해 이야기를 나눴다. 그렇게 진주, 물고기 양식으로 전환한 가구가 30퍼센트다. 300명 정도가 진주 양식을 하고 100명 정도가 물고기 양식을 한다. 이 비율을 20년 안에 80퍼센트까지 올려 경제구조를 완전히 바꾸는 것이 목표다.

산호를 살리기 위한 노력도 하고 있다. 2007년부터 산호 백화현상이 관찰됐는데, 2014년 자체 조사 결과 40퍼센트 정도의 산호가 훼손된 상태였다. 그때부터 주기적으로 산호가 자리 잡기 좋은 구조물을 제작해 바다에 심고 있다. 인위적인 방법이지만 꽤 효과가 있다. 폭탄 어업이 줄어든 것과 상승효과를 내며 훼손율이 현재 약 20퍼센트 정도까지 떨어졌다.

붕인섬의 미래를 걱정하고 공감하는 사람들이 늘수록 붕인의 바다는 덜 아프다.

5장

인류세의
미래

지구의 절반

인류세라는 용어는 우리를 생각에 잠기게 한다. 백만 년, 천만 년의 시간을 다루는 지질시대 단위 '세' 앞에 '인류'가 놓인다는 것은 무엇을 의미할까? 20만 년 전에 등장한 인류가 46억 년을 버텨온 지구를 파괴했다. 인간의 수명은 길어야 100년인데, 최근 70년 동안 본격적으로 행성을 망치고 있다. 한 종에 불과한 인류에게 그만한 힘이 있다는 것은 놀라운 사실이지만, 막상 그 현장을 돌아다니면 암담하고 슬프다. 여섯 번째 대멸종이 진행 중이고, 플라스틱이 쌓이고 있으며, 포화 상태의 도시는 신음한다.

지구의 정복자 인간. 우리는 어디서 왔는가, 우리는 무엇인가, 우리는 어디로 가는가? 인류세의 과거와 현재를 마주하는

하버드 대학교 자연사 박물관에 전시된 크로노사우루스 골격

것은 인류 문명을 객관적으로 바라보고 인간이라는 존재의 본질을 들여다보는 것이다. 제작진은 인류세의 미래를 점쳐보기 위해 인간과 문명에 대해 이야기 해줄 석학을 찾았다.

　세계에서 가장 저명한 생물학자를 꼽으라면 빠지지 않는 개미 연구자 에드워드 윌슨Edward O. Wilson. 퓰리처상을 2번 받은 작가이자 하버드 대학교 명예교수인 그가 육지에서 발견한 새로운 개미종만 해도 약 450종이다. 윌슨이 없었다면 우리가 아는 세상에 450종의 개미가 존재하지 않는다는 것이다. 그의 연구 분야는 개미에서만 멈추지 않는다. 사회생물학을 창시했고, '통

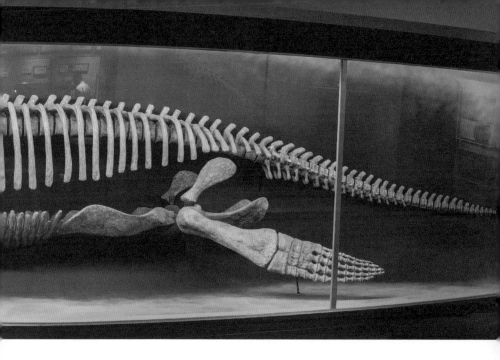

섭'의 개념도 창안했다. 92세의 이 노학자는 우리에게 어떤 말을 해줄까.

"지구상에 동식물이 몇 종 있을까요? 과학적 이름이 붙은 종만 약 200만 종이에요. 발견되지 않은 것까지 생각하면 정확히 알긴 어렵지만 통계학적으로 1000만 종이 있다고 예측해요. 그런데 우리가 그들을 자연적인 멸종 속도보다 적어도 100배 이상 더 빠르게 파괴하고 있죠."

윌슨 교수는 미국의 민물고기 수를 예로 들었다. 1895년부터 현재까지 미국의 민물고기 65종이 멸종했는데, 인류가 등장

에드워드 윌슨 교수와 5500만 년 전의 개미 화석

하기 이전의 화석기록과 비교했을 때 1000배 빨리 멸종된 것이다. 윌슨 교수는 다른 생물학자들과 함께 어류에서 범위를 넓혀 조류, 포유류, 파충류, 양서류까지 다섯 가지 동물군을 집중적으로 연구했다. 그렇게 척추동물의 방대한 자료를 가지고 분석한 결과 인류 출현 이전의 멸종 속도보다 최소 100배 이상 빨리 멸종이 진행되고 있다고 결론 내렸다.

윌슨 교수의 연구실은 하버드 대학교 자연사 박물관에 자리 잡고 있다. 그곳에는 멸종된 동물들이 지구 역사 연대순으로 전시돼 있다. 3억 7500만 년 전 고생대에 어류가 어떻게 육상동물로 진화했는지 추측할 수 있는 틱타알릭*Tiktaalik roseae* 화석부터 중생대 백악기 바다를 헤엄치던 13미터 길이의 수장룡 크로노사우루스와 물고기를 잡아먹었던 익룡 프테라노돈의 화석, 최초로 발굴된 트리케라톱스의 두개골, 6500만 년 전 공룡이 멸종하고 포유류의 전성시대가 열리며 등장한 초기 발굽동물 우제류의 화석까지 지금은 찾아볼 수 없는 신기한 생김새의 동물들이 전시관을 채우고 있다. 인류에 의해서가 아니라 자연적으로 사라진 동물들. 자연사 박물관이라는 이름에 어울리는 죽음이다.

윌슨 교수의 책상 서랍에서도 화석이 나온다. 흙에 묻혀 화석이 된 5500만 년 전의 개미.

"더 큰 문제는 우리가 종을 없애고 있는데 멸종의 속도가 점점 빨라지고 있다는 것이죠. 이대로라면 금세기 안에 지구에 있는 종의 절반이 멸종될 거예요. 아주 심각한 문제죠."

대학자의 강력한 경고. 대기과학자 파울 크뤼천과 생물학자 에드워드 윌슨처럼, 누구보다 먼저 지구의 이상 신호를 감지한 자연과학자들이 한목소리를 내고 있다. 그것들이 '인류세'라는 새 시대의 이름으로 수렴하고 있다.

다행히 윌슨 교수는 인류의 미래에 대해 부정적이지만은 않다. 국제보전협회, 국제자연보호협회, 세계야생보전기금 미국 지부의 이사인 그는 국립공원의 탄생과 확산 등 인류가 지구에서 성공시켜온 몇몇 프로젝트들을 강조한다. 최근 저서 『지구의 절반』에서 그는 그런 활동들이 없었다면 지금보다 조류의 멸종률이 50퍼센트 정도 높았을 것이라고 밝혔다. 육상 척추동물 전체로 보면 멸종률이 약 20퍼센트 높았을 것이라고 한다.

"우리는 오랜 시간 동안 자연을 파괴하면서 번영해온 종일지도 몰라요. 오늘날 우리는 인류세에 살고 있고, 계속해서 자연을 파괴할 거예요. 하지만 우린 변할 수 있어요. 국제정치와 국제법을 통해 실천했고, 사업에서도 나은 방향으로 나아가고 있죠. 우리가 살아가는 지구에서 못 할 이유가 없어요."

현재 윌슨 교수는 지구의 절반을 자연 보호 구역으로 지정하자는 '지구의 절반Half Earth' 개념을 만들어 생태계를 보존할 현실적인 방법으로 제시하고 있다. 이 아이디어는 갑자기 떠오른 것이 아니다. 지금은 고인이 된 프린스턴 대학교의 생물학자 로버트 맥아서와 윌슨은 함께 섬생물지리학을 창안했다. 그들은 태평양, 인도네시아, 인도의 섬을 연구하며 섬의 절반을 보존하면 80퍼센트 이상의 식생을 지킬 수 있다는 것을 깨달았다. 이를 행성 전체에 확대해, 지구의 절반을 보호하면 모든 생명체의 85퍼센트를 살릴 수 있다는 것이 '지구의 절반' 운동이다.

환경 운동의 성격을 가진 이 단어가 한 학자의 야심 차원을 넘어 점점 힘을 얻고 있다. 『내셔널지오그래픽』이 우리나라를 포함해 12개국의 사람들을 대상으로 한 설문조사에 따르면 대부분의 응답자가 지구의 절반을 보호구역으로 지정해야 한다고 생각했다. 한 기업이 이 프로젝트에 기술적·재정적 지원을 하기로 했다는 소식도 들린다. 평생을 한 분야에 헌신해온 학자의 야심이 세상을 바꿀 수 있을까. 우리는 정말 변할 수 있는 것일까.

문명의 붕괴

무기, 병균, 금속이 인류의 운명을 어떻게 바꿨는지를 통찰한 명저 『총, 균, 쇠』의 저자 재러드 다이아몬드 UCLA 지리학과 교수는 생리학, 조류학, 진화생물학, 생물지리학, 역사학 등 학구적 영역이 넓다. 인터뷰를 위해 찾은 로스앤젤레스 자택에는 뉴기니에서 가져온 전통 공예품이 가득했다.

다이아몬드 교수는 쓸개에 대한 연구로 생리학 박사 학위를 받은 뒤, 취미였던 조류 관찰을 위해 1964년 미지의 땅 뉴기니를 찾았다. 세계에서 가장 풍부하고 손상되지 않은 조류 서식지가 있는 외딴 열대 우림 섬은 그를 생리학에서 생태학, 진화생물학 등 더 다양한 학문의 세계로 이끌었다. 이후 매년 뉴기니를 찾아 현장 연구를 하는 그는 우리를 만났을 때도 뉴기니에서 돌아온 직후였다. 1964년의 뉴기니 사람들은 섬 바깥과 달리 인류세, 홀로세 이전인 플라이스토세 중기에 해당하는 석기시대를 살고 있었는데 지금은 문명이 들어와 벌목과 광산 사업이 섬을 크게 바꾸고 있다고 한다. 55년 넘는 시간 동안 한곳을 꾸준히 관찰하는 사람. 그에게 윌슨 교수의 말대로 우리가 정말 여섯 번째 대멸종을 향해 가고 있는지 물었다.

"과학자들은 우리가 대멸종을 향해 가고 있다고 말하죠. 아닙니다. 우리는 이미 대멸종의 시대에 살고 있어요."

다만 그가 잡고 있는 여섯 번째 대멸종의 시작점은 인류세실무그룹이 주목하는 1950년대나 산업 혁명 시기보다 훨씬 앞선 시점이다. 인간이 호주 대륙에 처음으로 정착해 거대 캥거루, 거대 악어, 거대 뱀을 멸종시킨 5만 년 전이다. 이후 인간은 1만 3000년 전에 아메리카에 도달해 코끼리, 사자, 치타 등을 멸종시켰다. 다른 섬 뉴질랜드와 마다가스카르에서도 마찬가지 상황이 이어졌다. 인류의 번성과 대멸종은 맞물린다.

오랜 시간에 걸쳐 이뤄지고 있는 대멸종과 대조적으로, 재러드 다이아몬드 교수는 앞으로 남은 시간을 50년으로 꼽는다. 50년 안에 세계 경제 체제를 지속 가능한 형태로 바꾸지 않으면 문명의 붕괴가 찾아온다는 것이다.

"사실은 분명합니다. 커다란 변화가 일어나고 있다는 것이죠. 인간 때문에 더 가속화된 변화죠. 기후 변화, 대멸종, 바다의 변화 등이요. 현재 세계에는 지속 불가능한 일들이 벌어지고 있어요. 우리가 자원을 써버리는 속도를 보면 수십 년 이내에 많은 자원들이 고갈될 거예요. 그리고 절벽 같은 상황에 놓이게 되겠죠. 저는 그 결말을 볼 수 있을 때까지 살진 못하겠지만, 제 아들은 그 결말을 보게 되겠죠."

1937년생인 다이아몬드 교수는 2060년대의 지구를 염려하고 있었다. 그의 이야기를 듣다 보니 그의 책 『문명의 붕괴』에 나온 이스터섬이 떠올랐다.

칠레 본토에서 약 3500킬로미터 떨어진 이스터섬은 평균 4미터 크기의 모아이 석상이 900개 가까이 세워진 신비한 섬이다. 숲이 울창했던 이 섬에 한때 수만 명의 인구가 살았다. 무게가 200톤이 넘는 석상을 만들어 옮길 정도로 문명이 발달했지만 섬의 나무가 사라지면서 비극이 시작됐다. 숲을 없애며 농지를 확보하고 나무를 베 카누를 만들었다. 결국 천연자원인 나무가 깡그리 없어졌다. 여기에 강수량이 적은 기후 조건과 중앙아시아에서 날아오는 먼지가 도달하지 못하는 지리적 요인까지 겹쳐 자원 고갈이 기근으로 이어졌고, 결국 전쟁으로 사회가 붕괴됐다. 몇 백 년 후 유럽인들이 섬에 도착했을 때 그들이 마주했던 것은 소수의 원주민과 거대한 모아이 석상뿐이었다.

문명의 붕괴. 섬에 남은 마지막 야자나무 한 그루를 벨 때 이스터섬의 사람들은 무슨 생각을 했을까? 어떻게 그 사회의 구성원들은 자신들이 무슨 짓을 하는지 모르고 붕괴를 맞이한 것일까?

이 질문은 2020년의 현대 문명을 살아가는 77억 지구촌 사회에도 적용된다. 다이아몬드 교수는 이야기를 이어갔다.

"우리가 의도적으로 기후 변화를 일으키거나 해수면 상승을 초래하는 건 아니에요. 그저 우리는 어떤 일들을 합니다. 그런데 그것들이 우리가 예상하지 못한 결과를 불러와요. 우리는 의도하지 않았어요. 우리가 지구를 더 바꾸고 싶어서 그런 건 아닙니다. 그런데 우리가 강력하고 우리의 행동이 큰 영향력을 발휘하기 때문에, 의도치 않은 결과들을 낳는 것이죠. 인간은 오늘날 지구에서 가장 강력한 종이에요. 역사상 존재했던 그어떤 종보다 강력한 종입니다."

사실 재러드 다이아몬드 교수를 만날 때까지만 해도 다큐멘터리 〈인류세〉 시리즈의 결론을 어떻게 내야 할지 고민 중이었다. 한 종에 불과한 인류가 소행성 충돌에 비견될 정도로 지구를 바꿔놓았는데, 이를 비관적으로 바라봐야 할까 아니면 이 정도의 힘을 가지게 된 인류의 위대함을 긍정하며 적극적인 해결을 모색해야 하는 걸까? 실제로 인류세 관련 자료 조사를 하다 보니 크게 두 가지 진영이 있었다. 한쪽에는 인류세에 도달하게 된 현재 상황에서 인간의 활동을 성찰하자는, 에드워드 윌슨과 같은 전통적인 '보전주의자'가 있다. 그 반대편에는 인

류세를 낙관하며 인간의 기술력으로 지구를 더 인간 중심적으로 재구성하며 기후 변화 등 시대적 위기를 돌파하자는 적극적인 '인류세주의자'가 있다.

적극적 인류세주의 진영의 사회학자 에일린 크리스트Eileen Crist는 생태적 비관론을 버리고 인간화한 행성이라는 전망을 더 긍정적인 관점에서 받아들이자고 쓴 바 있다. 미국 메릴랜드 대학교 환경시스템학과 교수인 얼 엘리스Erle Ellis는 인류를 부양하는 조건들은 자연적이지 않으며 결코 자연적이었던 적이 없다고 말한다. 선사 이래 인간은 자연적 수용 용량을 벗어나는 인구를 부양하기 위해 기술을 사용하고 생태계를 공학적으로 처리해왔으며, 앞으로도 사회와 기술 시스템을 더 적극적으로 개선시켜 문제를 해결하자는 입장이다. 새로운 환경을 창조하면서 더 나은 인류세를 향해 나가자고 주장한다.

낙관론과 비관론 사이에서, 인류세를 바라보는 관점은 개인과 사회의 입장을 결정한다. 문명의 붕괴를 분석하고 인류가 나아가야 할 길을 제시해온 재러드 다이아몬드 교수의 통찰은 제작진이 어떤 관점으로 프로그램을 계속 제작하면 좋을지 고민하는 데 유용한 힌트를 줬다.

"저는 비관적이지 않습니다. 조심스럽게 긍정적인 편입니다. '조심스럽게 긍정적cautiously optimistic'이라는 말은 이런 뜻이죠. 저는 우리에게 문제가 있다는 사실을 인지하고 있습니다. 하지만 우리는 그 문제들을 해결할 수도 있어요. 그 문제들은 사실 우리가 스스로 초래한 것들입니다. 소행성 충돌같이 우리가 어쩌지 못하는 문제들이 아니에요. 우리 문제들은 우리 스스로가 만든 문제들입니다."

6

붕인섬

기도

티손과 붕인섬의 총체적 문제에 대해 인터뷰를 하고 며칠 후, 티손이 염려한 네 번째 문제가 터지고 말았다. 바로 화재였다.

진도 7.0의 강진이 발생했고 이로 인해 전봇대의 변압기가 터졌다. 불꽃은 전봇대 주변 집들로 튀었고, 집집마다 보트에 쓸 기름을 보유하고 있는 탓에 큰 불이 났다.

"팡! 불길이 굉장히 높이 치솟았어요."

티손네 바로 옆집에서 기름에 불이 붙었다. 그 순간 티손은 최소한의 물건만 챙겨 부모님을 바닷가로 대피시켰다. 돌아와 보니 본인 집도 이미 타고 있었다.

"불이 5채를 집어삼키고 있었어요. 불을 꺼보려고 10미터까 지 접근했는데 뜨거워서 더 이상 가지 못했죠. 여진도 계속 되

고 있었고요."

붕인의 가옥 간 거리가 작다 보니 계속 불이 번졌다. 불길이 커지자 마을 반대편 쪽 사람들이 모여들었다. 앞다투어 바닷물을 퍼 나르기 시작했다. 화재 현장 바로 앞이 바다라는 점이 다행이었다. 육지뿐 아니라 바다에서도 화재 진압을 함께 했다.

"50척의 배들이 오가며 불길을 잡기 위해 노력했어요."

소방차는 한 시간이 넘어서야 도착했다. 마을길이 좋지 않아 현장 접근에도 어려움이 따랐지만 마을 주민들이 초동 대처를 잘한 덕분에 34채만 탔다.

재해가 덮친 순간부터 붕인섬의 바자우족은 바다에서 지내기 시작했다. 집을 잃은 이재민만 해상 생활을 하는 것이 아니라 마을의 모든 사람들이 바다에 떠 있었다. 원시 부족으로서 바자우족은 평생 바다에서 살았다. 그 전통이 붕인섬에서 살아가는 현대의 바자우족에게도 깃들어 있는 것일까.

안드레 가족의 보트를 찾았다. 세 척을 이어 붙여 지내고 있었다. 안드레 삼촌네, 이모네까지 여러 가구가 함께하는 중이었다.

"34명이요. 아, 35명이라네요."

승선 인원을 묻자 아버지 바깔이 대답했다.

"매번 재난이 있으면 이렇게 바다로 나와요. 더 안전하다고 느껴요. 여진도 잦은데 바다에서는 진동이 덜 느껴지죠. 뭍으

로 돌아가기가 두려워요. 그래서 보통 이렇게 바다에서 잠을 자요."

여진이 잦아들고 나서도 한참을 해상에서 지내던 붕인섬 주민들은 십여 일이 지나서야 마을로 돌아왔다. 아무리 피난 생활이어도 거를 수 없는 명절 행사를 치르기 위해서다.

이슬람력으로 매해 12월 10일부터 3일간 열리는 이드 알아드하. 희생제 날이다. 아브라함이 신의 명령에 순종해 아들 이스마엘을 바친 것을 기리는 날. 동이 트기 전, 주민들이 정갈하게 차려입고 사원에 모인다. 마을 주민 전체가 모여 수용공간이 부족하자 사원 바깥에까지 앉는다. 예배가 끝나자 집으로 돌아간 사람들은 옷을 갈아입고 마을 공터로 모인다.

갑자기 분주해진다. 여기저기서 들리는 동물 소리.

희생제 때는 특별히 네발이 달린 짐승을 도살하는데, 주로 소를 죽인다. 붕인섬에는 초지가 없어 소를 키우는 사람이 없다. 육지에서 실어온 소를 묶는다. 마을에서 흔한 염소도 의식을 위해 여러 마리 준비됐다.

죽음을 직감한 소가 몸부림친다. 손이 많이 필요한 상황. 장정들이 앞다투어 모여든다. 안드레의 아버지 바깔도 어느새 와서 소 눕히는 걸 돕는다. 옴짝달싹 못하게 제압한 상태에서 제사장이 주문을 읽고 목을 벤다. 아이들은 구경하고 여자들은 고기 손질을 준비한다. 소가 죽자 능숙한 이가 칼로 가죽을 벗

기고 몸통을 해체한다. 네댓 명이 내장을 해안가로 들고 가 바 닷물에 씻는다. 소 몸속에 있던 것들이 누렇게 바다에 퍼진다.

이제는 나눌 시간. 저울이 분주하다. 삼분의 일은 가족이 먹 고, 삼분의 일은 이웃에게 선물로 쓰고, 나머지 삼분의 일은 가 난한 자에게 주는 것이 원칙이다. 그래도 손해 보지 않으려 다 들 표정이 진지하다. 옥신각신하며 받아든 고기 한 덩이씩을 들고 집으로 향하는 이들의 얼굴에 웃음이 보인다.

이날 희생제에는 평소에는 없던 다른 행사가 하나 추가됐다. 오후 다섯 시경, 다시 사원에 모인 마을 주민들이 다 함께 큰 소 리를 내며 마을을 돌기 시작한다. 신을 부르며 재난 현장을 구 석구석 다니며 참배한다. 재난이 다시 오지 않기를, 신의 가호 가 이 마을에 내리기를 기원하며 발과 입을 맞춰 계속 걷는다. 평소에는 어업을 마치고 돌아오는 뱃소리가 들리는 시간인데 이날은 기도 소리가 섬을 꽉 채운다. 붕인섬 주민이 한 곳에 모 인 것을 보기 힘들었는데, 재난이 휩쓸고 간 마을 골목이 사람 들의 행렬로 가득하다.

지구를 일억분의 일로 줄이면 붕인섬만 하다. 이 조그만 섬 에 인류의 희로애락이 동시간으로 펼쳐진다. 재난이 발생하고 다툼도 생긴다. 아이가 태어나고 누군가는 숨을 거둔다. 바다 는 모든 것을 주지만 많은 걸 빼앗아가기도 한다. 붕인섬 사람 들과 함께 기도해본다. 붕인을 위해. 지구를 위해.

생태발자국

지구는 언제까지 버틸 수 있을까?

생태용량biocapacity은 생태계의 자원 재생산 능력을 나타내는 개념이다. 물, 공기, 토양 등 생태계의 자원 생산 능력과 오염·폐기물 흡수 능력 등을 계산해 수치화한다. 자원의 재생 능력을 잘 보여주는 수치라, 지구라는 행성이 인간들의 활동을 언제까지 버틸 수 있는지 나타낸다. 지구생태발자국네트워크GFN에 따르면 이미 지구는 생태용량을 초과해버린 생태적 적자 상태다.

생태용량과 밀접하게 연관된 개념이 바로 생태발자국ecological footprint이다. 사람이 사는 동안 자연에 남긴 영향을 토지의 면적으로 환산한 수치다. 음식, 주거, 교통, 에너지, 경작지, 초지 등 자원 소비량을 따져 개인의 총 소비량을 산출하고 이를 생산하는 데 사용된 1인당 토지면적을 추정하는 방식이다. 행인이 길에 발자국을 남기듯 우리가 먹고 입고 자고 타고 쇼핑하는 생활 방식이 지구에 흔적을 남기는데, 이게 얼마인지 따져보자는 것이다.

$$EF = \frac{P}{Y_n} \times YF \times EQF$$

이 공식은 생태발자국(EF)을 산출하는 공식인데 P는 소비한 자원, 배출한 쓰레기의 양이고 Y_n은 해당 국가의 평균 생산성이다. YF는 국가마다 다를 수밖에 없는 생산성 차이를 감안하기 위해 설정한 상수라 매년 여러 가지 데이터를 종합하여 평균적으로 매긴다. EQF는 지형별로 다를 수밖에 없는 생산성을 계산하기 위해 설정한 상수로 총 6종류이며, 농지는 2.64, 어장은 0.40, 목초지는 0.5, 숲은 1.33, 인공건물이 지어진 땅은 2.64, 탄소를 흡수하는 땅은 1.33인 식이다.

세계자연기금의 2016년 보고서에 따르면 지구 전체 인구가 한국인처럼 산다면 3.3개의 지구가 필요하다. 한국 사람들은 이미 지구의 생태용량을 넘겨 살고 있는 셈이다.

붕인섬의 바자우족은 어떨까?

관찰해보니 붕인섬 사람들은 전기를 덜 쓴다. 에어컨이 거의 없다. 오토바이는 많지만 차를 가진 사람은 드물다. 그러나 어업이 주 생계수단이니 선박에 쓰는 기름이 많다. 먹는 것은 주로 물고기와 해산물이고 과소비와는 거리가 멀다. 그럼에도 염소가 먹어 치우는 것 외에는 쓰레기 처리 시스템이 없고 정화 시설이 전무해 환경 파괴가 이루어지고 있다. 이 정도 생태발자국이라면 붕인섬의 생태용량으로 품을 수도 있겠지만, 사람이 너무 많다. 초지가 없는 땅에 3400여 명이 모여 살고 있고 바다의 어족 자원을 남획하고 있다.

붕인섬의 생태용량을 정확히 알기 위해서는 섬으로 들어오고 나가는 자원의 종류와 양, 쓰레기 배출의 종류의 양, 주민의 생업과 수익, 붕인섬 전체 어획고 등 정확한 자료 조사와 거기서 도출된 통계가 필요하다. 그런데 인도네시아의 작은 섬에는 이러한 사회경제적 데이터를 제대로 조사하고 갖출 수 있는 행정 시스템이 전무하다. 다행히 생태발자국은 설문 조사로도 계산할 수 있어 티손과 함께 안드레와 마을 주민 몇몇의 생태발자국을 조사해봤다.

질문지의 문항은 이런 식이다.

질문 1. 고기를 얼마나 자주 먹습니까?

절대 먹지 않음: 채식주의자
아주 가끔: 드물게 계란/유제품만

가끔: 가끔 고기나 계란

자주: 고기는 일주일에 몇 번, 계란/유제품은 매일

항상: 매일 고기 섭취

질문 2. 집에서 사용하는 에너지 중 몇 퍼센트가 재생에너지입
니까?

(후략)

설문 결과 안드레처럼 살려면 2.7개의 지구가 필요했다. 한
국인 평균보다는 적은 수치.

붕인섬이 있는 인도네시아는 상황이 나은 편이다. 가장 자원
을 많이 쓰는 축에 속하는 미국인들처럼 살려면 지구가 4.8개
필요하다. 사실 자본주의의 최전선에 있는 국가들이 인류세의
주범이다. 문제의 본질을 더 잘 드러내기 위해 인류세를 자본
세Capitalocene로 바꿔 불러야 한다는 주장도 있다.

처음의 질문을 조금 바꿔본다. 지금의 지구는 몇 명의 인구
를 감당할 수 있을까?

3400여 명이 살아가는 붕인섬에는 일 년에 100명 정도가 태
어난다. 사나흘에 한 명씩 태어나는 셈이다. 지구 전체로 범위
를 넓혀 보면 한 해 1억 4000만 명 정도의 새로운 지구인이 태
어나고 있다. 77억 인구는 2050년경엔 100억을 돌파할 것으

로 예상된다. 『인구 폭탄*The Population Bomb*』의 저자 폴 에를리히Paul Ehrlich 스탠퍼드 대학교 명예교수는 15억 명에서 20억 명이 지구의 적정 인구라고 말한 적이 있다.

그렇다면 지금의 붕인섬에는 몇 명이 사는 것이 적당할까? 티손은 지금 인구의 절반 이하인 1500명 정도면 붕인섬이 지속 가능하지 않을까 라며 말끝을 흐렸다.

붕인섬에서의 모든 촬영을 마치고 한국으로 돌아오는 비행기에서 내려다본 붕인섬. 지구의 7할이 바다, 3할이 육지라는 사실이 실감난다. 저 좁은 땅에 빽빽이 살아가는 3400명이 모든 것을 바꾸고 있다. 77억 인구가 행성 전체를 흔들고 있듯.

인구가 절반으로 줄면 아버지 세대가 그랬듯 안드레는 어부로 돈 벌고 자식을 낳고 붕인섬에서 계속 살 수 있을까?

이런저런 생각을 하는 사이 한국에 도착했다.

사라진 밤

울산은 대한민국 경제의 한 축이다. 공업도시 울산의 진면목은 야경에서 드러난다. 많은 사진가들이 크로뮴 빛깔에 반해 밤의 울산을 찾는다. 장소를 잘 고르면 울산과 온산 공업단지를 한 프레임에 담을 수 있다. 해가 지자 흰색, 녹색, 노란색, 붉은색 불빛이 하나둘씩 켜진다. 어느 굴뚝에서는 봉화처럼 불꽃이 활활 탄다. 저 멀리 울산대교의 조명이 보이고, 그 너머 주거지의 불빛이 배경을 채운다. 달빛 아래 공단은 별빛을 뿌려놓은 듯 산업현장의 열기를 온몸으로 발산한다.

　우주에서 바라본 지구는 아름답다. 미 항공우주국이 2012년 12월 7일에 찍은 사진에는 한밤중 환하게 불을 밝힌 지구가 검은 구슬처럼 보인다. 그 구슬 속에서 도시는 자체 발광한다. 어느 도시라 할 것 없이 자신들의 위용을 뽐낸다. 제작진이 방문한 레스터, 헤이그, 코펜하겐, 델리, 코타키나발루, 서울, 울산, 캔버라, 호놀룰루, 로스앤젤레스, 보스턴 모두 불야성이다. 아시아에서는 평양만 조금 덜 밝을 뿐이다. 불빛만으로도 문명

의 찬란함이 한눈에 파악된다. 태양계의 모든 행성은 밤에 어둡지만 지구는 100여 년 사이의 어느 순간 밤에도 빛나는 유일한 행성에 등극했다. 생물학적으로 하나의 종에 불과한 호모사피엔스가 이룬 성취는 우주에서도 보인다. 이제는 46억여 년의 지질연대 중 한 자락에 자랑스럽게 우리의 이름을 새겨놓는 지경에 이르렀다. 그 기점이 인류세실무그룹의 주장처럼 1950년대가 될 것인가는 크게 중요하지 않다. 인류가 자신이 살고 있는 행성의 시스템을 뒤흔들 정도의 강력한 힘을 가지게 됐다는 것이 핵심이다.

우주에서 보면 한반도는 호랑이 형상이다. 호환마마라는 말이 있을 정도로 우리에게 호랑이는 익숙하고 무서운 존재였다. 그러나 한반도에서 호랑이는 멸종했다. 백두대간과 낙동정맥을 따라 울산을 넘나들었을 호랑이는 사라졌다. 전국적으로 표범도 스라소니도 늑대도 자취를 감췄다. 산야가 도시로 바뀌고, 칠흑 같던 밤이 불야不夜로 바뀌는 사이 야생동물은 3퍼센트로 줄고 인간과 인간이 키우는 동물이 전체 육상 포유류와 조류의 97퍼센트가 됐다. 대한민국에서 흔히 볼 수 있는 야생 포유류는 멧돼지와 고라니 정도다. 곰과 여우는 종 복원이라는 이름 아래 한정된 구역에서만 전문가의 통제하에 번식하고 있다. 조상들이 행여 마주칠까 두려워했던 산짐승을 만날 일은 없다.

몇 초 단위로 명멸하는 울산의 야경을 일 분 정도 지긋이 지켜보면 맥박 뛰듯 강해졌다 약해졌다 하는 호흡이 느껴진다. 인간과 생존권을 두고 다투던 상위 포식자가 사라진 이 풍경에서 우리는 이제 동물이 아니라 자연과 싸워야 한다. 대기오염, 해수면 상승, 지구 온난화, 폭설, 혹한, 태풍 등 이전보다 거세지고 예측 불가능해진 상대를 이겨내야 한다. 46억 년 지구 역사에 다섯 번의 대멸종이 있었다. 그때마다 지질시대가 바뀌었다. 들숨과 날숨을 반복하는 이 문명의 맥박을 보며 생각한다. 대형 척추동물의 멸종이 사실 인류세의 신호탄이 아니었을까? 의도하지 않았지만 어느새 우리는 인류세를 살고 있다.

인간이란 무엇일까?

인류세를 취재하며 만난 이들에게 이 질문을 공통으로 던졌다. 돌아온 답은 다음과 같다.

"아프리카 대륙에서 발원된 하나의 종입니다. 아주 특별한 종이죠. 사회를 만들었어요. 전체를 위해 희생하는 능력이 있고 협력적이에요. 이타적이고 미래를 예측하는 데 매우 영리해요."

에드워드 윌슨, 생물학자, 하버드 대학교 명예교수

"인간은 영악한 지능동물입니다. 문명을 발전시키면서 지구를 마음대로 바꿉니다. 인류세에서는 인간이 그 과정을 통제할 수 있다고 봅니다."

얀 잘라시에비치, 지질학자, 인류세실무그룹 의장

"개별적인 유기체에 불과하죠. 중요한 것은 인류 사회란 무엇인가 하는 것입니다. 우리가 조금 더 지속적인 사회로 바뀔 수 있을까요? 저는 모르겠습니다."

월 스테픈, 지구시스템과학자, 호주 국립대학교 명예교수

"호모사피엔스입니다. 이 행성에 사는 수천만 개의 종들 중 하나죠. 그냥 다른 종들과 행성을 공유하고 있을 뿐입니다. 인간을 행성의 다른 종들과 구분 짓는 것은 스스로가 자연환경에 미치는 영향에 대한 질문을 스스로 던질 수 있느냐 하는 것입니다. 우리가 환경에 미치는 영향을 줄이기 위해 개입해야 하냐는 것이죠. 그것이 인간이 가진 책임이고, 이 해변에 있는 해초, 단각류, 게와 우리 인간을 구분 지어주는 것입니다."

리처드 톰슨, 해양학자, 플리머스 대학교 교수

"우리는 감각입니다. 우리가 우리 주위의 우주를 느끼는 거죠. 하늘을 바라보고 별을 바라보고 우리 행성과 저 위의 태양, 은하계에 대해 생각한다면, 그때가 바로 우주가 자신의 존재에 대

해 처음으로 자각하는 때일지도 몰라요. 암석은 그런 것을 보지 못해요. 우리, 의식이 있는 존재들이 그것을 바라보고 과학으로 그것을 이해하죠. 우리는 우주의 일부분이고 우주에 '우리가 여기에 있다'는 것을 전달해요. 저도 우주와 모든 곳에 대해서 생각합니다. 그리고 우리의 미래에 대해서도 조금 걱정된다고 말해야겠네요. 우리가 무언가 행동하지 않는다면 말이죠."

예르겐 스테픈슨, 얼음물리학자, 닐스보어연구소 교수

"인간은 힘입니다. 역사상 존재했던 종들 중 가장 힘이 있는 종이에요. 힘이 있다는 것은 무슨 뜻일까요? 힘은 좋은 것일까요, 나쁜 것일까요? 힘은 도덕적으로 중립입니다. 힘은 좋은 목적으로도 사용되고 나쁜 목적으로도 사용됩니다. 인간의 힘은 제 아이들과 손주들에게 행복한 삶을 줄 수도 있습니다. 그리고 제 아이들과 손주들의 세상을 무너뜨릴 수도 있어요. 어떤 일이 일어날지 우리는 모릅니다. 그것이 인간의 힘이죠."

재러드 다이아몬드, 문화인류학자, UCLA 교수

EBS 다큐프라임 〈인류세〉가 세상에 나오기까지 실로 많은 분들의 도움이 필요했다. 책임자문을 맡아주신 최재천 이화여자대학교 교수, 2018년 설립돼 이 프로그램에 큰 힘이 된 카이스트 인류세연구센터 박범순 센터장 및 모든 분, 이 책을 감수해준 남욱현 박사에게 깊은 감사를 드린다.

2부의 플라스틱 관련 내용을 자문해주신 한국해양과학기술원 남해연구소 심원준 소장, 미세 플라스틱 관련 논문의 영상화를 도와주신 홍상희 박사, 장미 연구원, 3부의 무대 붕인섬의 존재를 알려준 목포대학교 홍선기 교수, 한강 하구를 함께 돌아다닌 인하대학교 이관홍 교수, 떼까마귀를 매일 관찰하는 김성수 박사에게 감사의 말씀을 전한다.

해외에서도 많은 분들이 도와주셨다. 하버드 대학교 에드워드 윌슨 교수, 인류세실무그룹 얀 잘라시에비치 교수, 호주 국립대학교 윌 스테픈 교수, UCLA 재러드 다이아몬드 교수, 롤랜드 가이어 교수, 닐스보어 연구소 예르겐 스텐픈슨 교수, 플리머스 대학교 리처드 톰슨 교수, 카디프 대학교 마이크 브루포드 교수, 레스터 대학교 캐리 베넷 박사, 5자이어 마르쿠스 에릭센 박사, 그린피스, 오션클린업, 냉동방주 프로젝트, 하와이 야생동물기금, 미국 국립역사박물관, OCC 재활용센터, 세계야생보전기금, 다나우 기랑 필드센터, 뮤제온에 고마움을 표한다.

국립해양생물자원관, 한국지질자원연구원, 울산야생동물구조센터, 국립수산과학원 고래연구소, 경남환경독성연구본부, 롯데케미칼, NK홀딩스, 한국환경산업개발 등에서 보여준 선의와 협조 덕분에 현장에서 맞닥뜨리게 되는 여러 가지 문제들에도 불구하고 항상 좋은 해결책을 찾을 수 있었다.

기꺼이 다큐멘터리에 출연해주신 전박찬 배우께도 깊은 감사를 드린다. 개인적인 조언을 아끼지 않은 김산하 박사, 김영준 박사, 김일훈 박사, 이영란 박사, 홍수열 자원순환사회경제연구소장, 가브리엘 세라토, 그리고 붕인섬의 주민 분들께 다시 한 번 감사의 말을 전하고 싶다.

박범순 카이스트 인류세연구센터장

"인류의 시대"를 뜻하는 인류세는 인간의 활동으로 지구의 역사에 뚜렷한 변화가 일어나고 있음을 나타내는 새로운 지질학적 용어이다. 이는 인류가 화산 폭발, 빙하기, 운석 충돌과 맞먹을 정도로 큰 힘을 가지게 되었음을 자축하기 위해서 제안된 것이 절대 아니다. 정반대로, 그 힘의 사용에 대한 도덕적 책임감을 일깨우기 위한 엄중한 경고장이다.

이런 경고의 목소리는 예전부터 있어왔다. 특히 1960년대의 환경운동 이래 생태계 교란, 오존층 파괴, 온실효과, 핵폐기물 처리, 생물다양성 감소 등 환경 문제는 지역 주민의 삶에 직접적인 영향을 주는 이슈로 등장했고, 국가 차원의 규제뿐만 아니라 유엔 주도로 국가 간 협력이 논의되고 진행되었다. 그런데도 변한 것은 별로 없고, 상황은 더 심각해졌다.

2000년 노벨 화학상 수상자인 파울 크뤼천은 바로 이런 배경에서 인류세 개념을 제안했다. 다급하고 절실한 행성적 위기, 여섯 번째 대멸종의 길로 이미 들어선 절체절명의 상황에서 크뤼천이 발견한 방법은 그 경고장을 지구의 시대구분으로 사용하자는 것이었다. 과학자로서 과학적 개념을 사용해 정치·경제·사회·문화 전 분야에 걸쳐 가장 실천적인 메시지를 던진 것이다.

지난 20년간 인류세는 과학 분야뿐만 아니라 인문사회, 문학예술 전반에 걸쳐 가장 주목을 받는 개념이 되었다. 『네이처』, 『사이언스』 등 주요 과학저널에 인류세 특집이 실렸고, 이 주제의 전문 학술지도 새로 나왔다. 『이코노미스트』와 같은 주간지에서도 이를 표지 기사로 다루었고, 인류세를 다룬 전시도 세계 곳곳에서 열렸다. 한국에서는 인류세가 2010년대 중반부터 조금씩 논의되기 시작했다. 이런 배경에서 2018년 카이스트에 인류세연구센터가 설립되었다. 센터에서 중요하게 생각한 것은 여러 분야의 융합연구와 함께, 인류세의 개념과 메시지를 사회에 널리 알리는 일이었다. 때마침 최평순 PD를 중심으로 한 EBS 다큐프라임 제작팀이 인류세에 대한 다큐멘터리 제작을 시작해서 서로 도움을 줄 수 있었다.

2019년 6월에 방영된 EBS의 〈인류세〉 3부작을 보았다면 인류세가 과학 개념이면서 우리의 삶과 지구의 미래에 대한 스토리텔링이라는 것을 느낄 수 있었을 것이다. 그리고 한국을 비롯하여 그야말로 세계 방방곡곡을 다니며 학자들을 만나고, 인류세의 증거를 찾아다니며, 인류세의 공간에서 사는 사람들의 생활을 담은 영상과 대화를 기억할 것이다.

이제 다큐멘터리를 통해 느낄 수 있었던 감동을 『인류세: 인간의 시대』에서 다시 만날 수 있게 되었다. 이 책은 초등학생부터 대학생까지, 과학자부터 일반 시민까지 쉽게 이해할 수 있는 언어로 인류세가 어떤 개념이고, 왜 제안되었으며, 우리에게 닥친 이 실존적·실천적 문제를 해결하기 위해서 어떤 것을 고민해야 하는지 알려주고 있다. 이 책의 주목적은 단순히 새로운 과학지식을 전달하는 데 있지 않다. 개인적 성취보다는 인류의 미래를 생각하는 과학자의 연구 과정에서, 다음 세대를 걱정하면서 살아가는 사람들의 삶 속에서, 플라스틱을 먹고 죽은 바다거북과 새와 낙타의 모습에서, 개발로 변형된 정글의 생태계에서 서서히 멸종의 길을 걸어가고 있는 오랑우탄의 얼굴에서, 바로 우리 자신의 모습을 볼 수 있도록 하는 데 있다.

결국 이 책의 마지막 부분에서 다루듯이, 인류세의 문제는 "인간이란 무엇일까?"라는 질문에서 해결의 씨앗을 찾을 수 있을 것이다. 그리고 이 질문에 대한 답은 한 가지가 아닐 수 있다는 점이 저자가 던지고자 하는 핵심 메시지이다. 독자들이 각자의 생각을 주위 사람들과 나누고, 토론하고, 연구하여 실천적인 방향을 함께 찾는 데 이 책이 도움을 줄 수 있기를 바란다

인류세: 인간의 시대

1판 1쇄 2020년 9월 3일
1판 10쇄 2024년 5월 17일

지은이	최평순, 다큐프라임 〈인류세〉 제작팀
기획	EBS ◐ 미디어
펴낸이	김정순
편집	장준오 허영수
디자인	형태와내용사이
마케팅	이보민 양혜림 손아영
펴낸곳	(주)북하우스 퍼블리셔스
출판등록	1997년 9월 23일 제406-2003-055호
주소	04043 서울시 마포구 양화로 12길 16-9(서교동 북앤빌딩)
전자우편	henamu@hotmail.com
홈페이지	www.bookhouse.co.kr
전화번호	02-3144-3123
팩스	02-3144-3121
ISBN	979-11-6405-072-7 03400

· 이 책은 EBS 미디어와의 출판권 설정을 통해 EBS 다큐프라임 〈인류세〉를 단행
본으로 엮었습니다.
· 본문에 포함된 사진 등은 가능한 한 저작권자와 출판 확인 과정을 거쳤습니다.
그 외의 저작권에 관한 사항은 편집부로 문의해주시기 바랍니다.

해나무는 (주)북하우스 퍼블리셔스의 과학 · 인문 브랜드입니다.